惊险至极的科学

揭秘
工程灾难

3³个惊心动魄的实验

【美】肖恩·康诺利(Sean Connolly) 著

王祖浩 等译

上海科技教育出版社

谨以此书纪念我的父母，是他们为我打下坚实的基础，并给予了助我一生的工具。

有一首著名的歌里有这样一句歌词："这是一次多么漫长，多么奇怪的旅程。"这句歌词可以用来描述创作本书长达约两千年（好吧，是涵盖了两千年）的漫长之旅，沿途拜访那些寺庙、体育场、战场和消失的湖泊。

像这样的一段旅途需要一位好向导，而我对那些激发了本书创作灵感的规划师、工程师和建设者们的成功和失败感激不尽。如果没有从他们的工作中学到的东西，我就不会有足够的材料来完成本书。

更实际一点，如果没有我的"专家团队"的帮助，我写出的那些文字永远不会印成书。这个团队包括我的经纪人，莱文、格林伯格与罗斯坦文学社的莱文（Jim Levine），以及沃克曼出版公司的两位丹尼尔：儿童出版部的主管丹尼尔·纳耶里（Daniel Nayeri）和不知疲倦的编辑丹尼·库珀（Danny Cooper）。我要特别感谢史密斯（Galen Smith）生动活泼的设计，还有勤奋的制作编辑利维（Beth Levy）犀利的目光。

此外，还有以下个人和组织给我提供了灵感或帮助，抑或两者兼而有之：伯克希尔影视公司、布拉克斯比亚（Nicholas Brakspear）、奇科蒂（Frank Ciccotti）、爱德华兹（Christopher Edwards）、埃特（Gregory Etter）、赫尼根（Sally Heneghan）博士、霍夫曼（Gary Hoffman）、金斯伍德中学莱登（Peter Lydon）博士、麻省理工教育研究项目、劳赫（Robert Rauch）、里利（Peter Rielly）、斯庞（Jennifer Spohn）和斯特尔（Elizabeth Stell）。

目录

序言

序言

"你建造了一座伟大的塔！恰到好处的高度，漂亮的拱门，白色大理石很好地展示了它的魅力。只有一件微不足道的小事——它倾斜了。它的确是斜的，人们甚至开始称它为比萨斜塔。"

"噢，不要担心！它正在适应中。给它一两年，它会直立起来。"

你可以想象这个对话发生在中世纪，当比萨大教堂的钟楼终于完工时。几个世纪过去了，塔依然令人担心地倾斜着。但若是工程部门更好地规划，这座著名的塔最初就不会倾斜。

有多糟

我们真的能把斜塔称为一次工程灾难吗？你甚至可以提出相反的观点——比萨斜塔让比萨成为了国际旅游地图上的热门景点。毕竟，谁会特意去看博洛尼亚的塔或那不勒斯的柱子呢？但最后，比萨斜塔发生了一点尴尬事。

这不是唯一一个你能在《揭秘工程灾难》中看到的"哎呀，疏忽了"的例子。你知道在一个冬天下午的雨中首发的敞篷电动车辛克莱C5吗？或者是"云杉鹅"，有史以来体积最大、造价最高的飞机之一，它只飞行过一次，到达了海拔——听好了——70英尺①？或者是因为石油工程师钻错了湖床，路易斯安那州的湖泊像空浴缸一样排干了水？

所有这些看起来几乎是滑稽而无害的，但工程上的失误也会导致致命的后果。近2000年前，意大利一个仓促建造的木制竞技场倒塌，

---

① 英制计量单位，1英尺相当于0.3048米。

造成数千人死亡。1912 年泰坦尼克号的灾难也可以归咎于拙劣的工程技术。即使是 1919 年波士顿的致命糖浆（是的，糖浆）洪水也是可以避免的，如果工程师们更注意一点在巨大压力下液体的行为模式的话。

问正确的问题

在接下来的页面中，你将会看到 20 个工程学灾难，从古代一直到 21 世纪。请小心，因为你是被召来确保这些错误不会再次发生！

每一个事故的简介为我们做好了铺垫，将事故锁定在一个时间和地点，以便在灾难降临时你可以了解到底发生了什么。然后你可以在"哪里出错了"这一部分中近距离观察，从而获悉完整的故事，包括每个工程事故的后果和代价。

有了这些信息，你可以尝试"逆转时光"。这才是真正有趣的地方。在这里，你可以了解幕后的真相，不仅仅知道每个案例中发生了什么，还有为什么会发生。而这"为什么"，往往取决于工程学。你会看到一项工程在实施的每个阶段会有所改变，或需要修改，这正是工程师每天都要处理的问题。

当然，工程就是要把东西做好，并且让它运转良好。但同时也要利用你的好奇心提出问题。一个成功的项目由很多"如果""如何处理"和"为什么不"构成。本书的这一部分给了你机会研究这些问题……因为在每章的最后一部分你都能提出自己的问题，一些问题的答案会让你感到惊讶。

献给你

每一章都有一到两个实验来帮助阐明在灾难中起着主因的科学原理。你可以用气压、热应力、质心或地震波来做实验。甚至还有一个伟大的实验来演示非牛顿流体，但请注意：你可能会把牙膏沾到天花板上！

你需要
做实验所需的所有东西都列在这一部分。而你能在你的房子周围、车库，或者储藏室里找到几乎所有这些东西。

方法
如何进行实验的说明都编排明晰，就像烹饪食谱或做模型的指导一样容易遵循。

怎么回事
在这里你可以将刚刚进行的实验与主要科学原理联系起来。

注意
每隔一段时间，实验都会发出警告，确保你对火焰、尖锐物体或其他潜在风险保持警惕。

重新开始

请记住，《揭秘工程灾难》的主旨就是要找到问题的根源，以及如何以不同的方式设计而避免灾难。凭借你的智慧，新的科学知识和第一手的经验，你将处于一个幸运的位置。

现在，有些东西你可以利用起来了。

罗得岛
巨像

当你站在甲板上，看到陆地，接着是城市的轮廓时，你会心跳加速。你对那个拥有令人叹为观止的摩天大楼的城市已经很熟悉——即使从未去过那里。耸入云霄的高楼和混凝土峡谷不容置疑地表明：你已抵达了纽约。当你经过一个高举火炬、身穿长袍的女性的巨大雕像时，任何疑虑都会消失。

纽约港举世闻名的守护者当然是自由女神像。它基座以上高 150 英尺，是美国强大、自由的象征。

这位雄伟的女士还有一个名字：新巨像。原来的巨像——一样高——守卫着地中海上的一个岛屿，罗得岛港口的入口。罗得岛巨像建于 2000 多年前，耸立了 60 多年，直到公元前 226 年在一场地震中倒塌。古代工程师做了些什么来保护这个古代世界的奇迹呢？

希腊的罗得岛位于地中海的东端，离现在的土耳其海岸不远。公元前332年，当亚历山大大帝征服这个岛屿时，罗得人（罗得岛的居民）对他和他的希腊生活方式表示欢迎。公元前323年亚历山大大帝死后，罗得人在一场漫长的内战中联手埃及，支持亚历山大麾下的一位将军托勒密。公元前305年，托勒密的敌人安提柯派他的儿子德米特里攻打罗得岛。德米特里的40 000名士兵用一个巨大的攻城塔来攻击罗得的城墙，但是突然的风暴摧毁了它。随后，罗得人又在第二个攻城塔的必经之路上挖了沟渠，使塔倾翻在泥沼中。

因为很快会有从埃及来的战船抵达罗得岛助战，德米特里决定撤离。罗得岛的人们认为他们的胜利归功于他们的守护神赫利俄斯。还有比建造一尊巨大的太阳神雕像更好的纪念胜利的方式吗？它会像在战斗中守卫岛上居民一样守卫岛屿港口。

建造巨像的工作很有可能从公元前292年就开始了，并持续了12年。雕像的"骨架"由铁条构成，"皮肤"由青铜板构成。它站在一个60英尺宽的大理石底座上。青铜板大约5英尺见方，边缘已经磨平，以便铆接在一起。

世界七大奇迹

　　古代旅行者将罗得岛巨像列为世界七大奇迹之一，它们每一个都是人类设计和工程的奇迹。其余的奇迹是：

· 胡夫金字塔（埃及）
· 巴比伦空中花园（伊拉克）
· 阿耳忒弥斯神庙（土耳其）
· 奥林匹亚宙斯神像（希腊）
· 摩索拉斯陵墓（土耳其）
· 亚历山大灯塔（埃及）

　　完成的雕像庄严地矗立在罗得岛港的入口处——就像自由女神像守卫着纽约港一样。几个世纪以来，它似乎一直在罗德岛上空徘徊——然而并不是。公元前226年，它在罗德岛的一场可怕的地震中坍塌了。同时还有许多建筑物和庙宇都被摧毁，据记载，巨像在膝盖处折断，摔得粉碎。我们现在所拥有的只是2000多年以来停泊在港口的碎片。

逆转时光

对于现代工程师来说，回顾2000多年前人们使用的建筑技术并从中找出漏洞有点儿不公平。毕竟，古代人没有电，也没有任何电动工具。另外，我们只能通过"逆向工程"来估计巨像的完整尺寸——通过测量拇指或鼻子碎片的尺寸来计算雕像的完整尺寸。由此得出的结论是，巨像确实是巨大的。那么，我们又怎能说自己更了解如何让巨像经得起时间的考验呢？

有一个词能告诉我们巨像倒塌的原因，也能告诉我们现代工程师是如何处理地震这个问题的。正是因为地震，可能只持续几分钟，却导致了巨像的终结。地中海地区的人们对地震并不陌生，但他们仍坚持建造在地震中会折断和倒塌，而不是摇晃和保持直立的建筑物。

什么造成了地震

地球的外层称为地壳，它不是一块完整的固体岩石。它更像是个由不同部分组成的拼图，这些部分被称为板块。板块的连接处被称为断层，这里是大多数地震发生的地方。两个相邻的板块可能会相对平稳地移动，直到其中一块被卡住或粘住，却仍被后面的板块推挤。最终导致板块突然抖动——就像你骑自行车时用脚来刹车一样。

　　在东京或旧金山等地震多发地区工作的现代工程师们设计的建筑物能承受很大的地震力。建筑物受到的大部分损害来自地震中来回摇晃的地面，因此建筑师增加了阻尼器（就像汽车的减震器）来吸收侧向（前—后震动）力。这样，上面的建筑受到的影响要小得多。其他技术可归结为常识——新式的建筑物选用较轻的材料，尤其是屋顶。想一想：如果一个沉重的混凝土屋顶下的墙壁在地震中开始晃动，你愿意住在这个屋顶下吗？

　　但那些早期的工程师真的对应对地震的方法一无所知吗？想想几千年前的其他雕像。埃及的狮身人面像永远卧在那里。在希腊奥林匹亚，坐在宝座上的宙斯神像经历了几次地震，仍然矗立了大约1000年，直到大火烧毁了它的木制框架。这些雕像坐着的"姿势"——其质量沿着基座分布——与只有两只脚支撑其质量的罗得岛巨像有着很大的不同。

剧烈摇晃

这个实验让你对建筑设计师如何测试已知的力有一个初步的了解。东京和旧金山新造的建筑能抵抗不同的地震力。你可以看到工程师是如何通过这个桌面实验来作出这些设计的。

你需要

◆ 果冻粉（约 5 包 16 盎司[1]装的）

◆ 水

◆ 三个 8.5 英寸[2] × 11 英寸的一次性盘子（至少 2.5 英寸深）

◆ 牙签（至少 120 根）

◆ 三位朋友

◆ 迷你棉花糖（大约两包）

方法

1 前一天晚上，将足够多的果冻粉与水混合，装满三个盘子。将它们放在冰箱里冷却一夜。

① 英制计量单位，1 盎司相当于 28.350 克。
② 英制计量单位，1 英寸相当于 0.025 米。

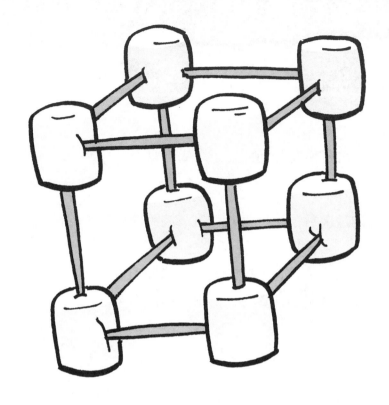

2 将牙签分成三份。

3 让每个朋友把牙签插入棉花糖中，并用牙签拼成正方形、立方体和三角形，而棉花糖就是"结点"（如果你愿意，可以在这些结构中加入对角撑）。

4 通过在棉花糖上插牙签来给结构加层。看看每个人能搭出多高的建筑物。

继续

5 将三栋建筑物分别放在三个果冻盘上。

6 均匀地前后摇晃托盘，产生 S 波（地震产生的横波）。

7 比较每个人设计的建筑物——有没有在地震中幸存下来的？
用相同数量的牙签可以搭出多高或多宽的建筑物？

怎么回事

这 是一个地震（抗震）工程师测试建筑设计承受地震力的家庭实验室版本。强大的能量爆发，即地震波，穿过地球的各层引起震动。其中一些震动的强度足以破坏岩层，引发地震。

当然，如果每个人都住在只有一层的平房里，那么生活就会容易很多——你可能已经看过这些平房如何抵抗地震力。但是大多数城市都很拥挤，我们必须向上建造，有时要造几十层楼高。如果工程师可以找到一种方法来克服果冻模型（或他们自己实验室中的等效模型）中的类似振动，他们就能将这些经验用于实际设计中。

保持那个姿势

你有没有想过为什么自由女神像穿着那件飘逸的长袍，而不是穿着垒球服、泳衣或其他显示她两条腿支撑站立的衣服？当然，这其中确实有艺术原因。她穿着那件长袍显得更加高贵——让我们回想起了古希腊自由和民主的理想（那里有很多人穿着这种长袍）。

她的长袍还有实际用途。长袍上的褶皱看起来又松又轻，但它们与雕像中的其他所有部分一样坚实，且一直延伸到底座。你开始明白了吗？这是你成为一名雕塑家的机会，看看你选择的姿势是不是一个明智的工程决策。

你需要

◆ 自愿加入的志愿者（至少三名）
◆ 光滑的地板（木地板或瓷砖）
◆ 轻薄的地毯
◆ 轻的木制椅子

注意！

你需要在一个空旷的地方做这个实验，这样一旦你的"雕像"失去平衡，也不会砸到任何东西。

方法

① 向志愿者们解释你正在寻找一座雕像的最佳姿势，让它比罗得岛巨像站得更稳。

② 请一位朋友两脚并立站在地毯上。

③ 让其他人帮你提起地毯的一头使劲拉一下。

④ 看看你的"雕像"是否保持直立。

继续

5 尝试相同的方法（为了确保科学的准确性，让同一名志愿者来），但采用不同的姿势：仍然站立，但双脚分开。

6 重复步骤 3 和 4。

7 现在让你的模特坐在椅子上，重复步骤 3 和 4。

怎么回事

这个实验可能会引发笑声，但它也证明了一个重要的工程原理。如果一个物体（比如雕像或建筑物）的质量分布在一个较宽的底座上，它就会比较稳定。第一个姿势将志愿者的体重集中在一小块区域——他的两只脚靠得很近。第二个姿势扩大了这个区域，可能会使他更加安全，最后一个姿势（如古代雕像中的宙斯）将体重转移到了更广的区域。所以如果赫利俄斯是坐在宝座上而不是直直地站立，也许他仍在守护着罗得岛。

费德那竞技场
坍塌

古罗马人最喜欢的莫过于残酷的角斗游戏。这里说的是大多数罗马人。统治了罗马帝国 20 年的提比略皇帝，罗马最成功的将军之一，就讨厌看角斗士们在罗马斗兽场厮杀至死。事实上，他甚至不太喜欢罗马，他的最后几年是在卡普里岛度过的。当这位脾气暴躁的皇帝去世——以及他对"游戏"禁令的失效，热爱玩乐的罗马人迫不及待地弥补失去的时间。

公元 27 年，一座木制的圆形竞技场在罗马郊外的费德那镇建成。开幕当天，多达 5 万名观众挤进了竞技场，期待在他们面前上演生死搏斗。然而与预期相反，死亡发生在看台。仓促建成的竞技场因严重超载而垮塌了。结果造成了 2 万人死亡，这是历史上最致命的体育场事故。

哪里出错了

任何看过雄伟的罗马斗兽场或其他散落在罗马各地的古迹的人都会认为，罗马人知道如何建造经久不衰的东西。当然，这些建筑中有一些已经成为废墟，但在经历了 2000 年的入侵、叛乱和掠夺之后，你还能期待什么呢？ 好吧，费德那竞技场的垮塌可能会让你产生不同的想法——即使在古代，人们似乎也会为了赚"快钱"而建造"豆腐渣工程"。当提比略的禁令结束后，一个名叫阿提留斯的前奴隶看到了举办角斗士比赛的机会，他很快就在罗马附近建造了一个新的竞技场，准备大赚一笔。

罗马斗兽场和其他主要的竞技场馆是由混凝土和石头混合建成的，这赋予了它们强度和耐久性。这些都是昂贵的材料，所以阿提留斯选择了走捷径，用木头来建造他的竞技场——这是一个廉价的替代品，但是没有那么坚固。阿提留斯也从来没有计算过（或者干脆无视）

为什么如此受欢迎

为什么罗马人如此渴望观看"角斗"？最大的竞技场，例如罗马斗兽场，会提供一整天的野生动物角斗——包括从非洲运来的狮子和鬣狗——它们相互打斗或攻击罪犯。角斗士们用各种各样的进攻和防御武器厮杀，包括棍棒、长矛、剑和网。而如果皇帝在观看角斗，当有剑指向蹲伏的"牺牲品"时，比赛会暂停。皇帝决定是饶过角斗士的性命，还是竖起拇指处决他。

竞技场结构可以安全容纳的极限观众人数。更糟糕的是，竞技场几乎没有地基来支撑它。

5 万名观众陷入了困境。各行各业的人都有——商人、渔民、酿酒师和富裕的地主。与他们混在一起的是热切的男孩和女孩，甚至是祖母。罗马作家塔西佗（Tacitus）曾说，这些人"渴望观看角斗士的厮杀"，所以他们一有机会就迫不及待地去看他们最喜欢的娱乐节目，这一点也不奇怪。一进入竞技场，成千上万的人就注意到不祥的晃动。然后竞技场自己就塌了，同时向内和外坍塌，数千人被压。

近 1800 年过去了，很明显这座竞技场注定要完蛋。糟糕的材料、糟糕的规划、没有地基，这些都是任何一位值得尊敬的建筑师、工程师或建造者的大忌。

逆转时光

公共安全听起来就像看着油漆变干一样令人兴奋，但这个术语适用于规划、设计和制定规则，以确保你可以做日常的、令人兴奋的事情——乘坐地铁或公共汽车，在小摊上买热狗，或者去看一场球赛——不必担心受伤。我们对公共建筑的看法，比如体育场馆，是基于公共安全的原则。

现代体育场馆有很多罗马斗兽场或费德那竞技场所没有的特点——电子记分牌、音响系统，也许还有一个可伸缩的屋顶——但它们的结构非常相似。大多数都是碗状的，一排排的座位排列在斜坡上，从场地向上延伸。所以它们用了相同的安全施工基本原则。

任何大型建筑物都需要建在一个坚实的地基上。它必须足够深，以提供稳定性并承受建筑物（和人）之重。建筑材料也很重要。现代体育场馆使用钢铁和合金来提供强度，罗马斗兽场使用的是石头和混凝土。木头是一个糟糕的选择——它比较脆弱，且易燃。

合金

由两种金属（或一种金属和一种非金属）熔合成的金属，它保持了两者的特性，例如弹性和硬度。

同样重要的是，计算出成千上万的观众会对结构施加多大的力。设计师一旦计算出观众人数，就会改变设计——他们可能会牺牲容量（座位的数量）来确保观众的安全。

罗马工程师对大多数的工程基本原则都很熟悉，在费德那灾难发生后，罗马元老院甚至制定了严格的建筑法令。

亡羊补牢

"战争发动机"的罗马人对大规模的死亡并不陌生，但即使是他们也被费德那的毁灭吓坏了。作为回应，元老院制定了我们现在所说的建筑法令。最重要的是，法规强调任何新的公共建筑都要在坚实的地基上建造。接着，他们颁布法令，不允许任何财富少于40万塞斯特斯的人（在今天约为70万美元）建造公共建筑——对不起，阿提留斯。

拔地而起

你可能已经去过地下室很多次了——也许是在学校、图书馆，或者只是一个朋友家。但你有没有想过，除了需要额外的空间来放乒乓球桌、洗衣机和烘干机，以及那些你从未打算扔掉的旧万圣节服装和生锈的冰鞋之外，为什么每栋建筑都有一个地下室？

嗯，地下室占据了墙内一个有着重要特征的空间：地基。地面下的地板（地基）吸收并向外传递建筑的重力。如果建筑物只在地面上，就没有任何东西可以阻挡建筑物被推倒。但是地基两边的土地能扛住这一破坏力，使建筑更加安全稳定。

你需要

◆ 黏土（或橡皮泥）
◆ 三根筷子
◆ 一个水桶（口径大约1英尺）
◆ 沙子
◆ 6本平装书（或者更多）
◆ 一把尺

方法

1 将黏土做成 6 个球，每个球大小相当于一颗葡萄，然后在三根筷子的两头各粘上一个黏土球。

2 把桶装满沙子，在顶部留出 2 到 3 英寸的空间。

3 把筷子直立地放在沙子上，这样筷子的底部就会形成一个三角形（筷子顶部的黏土球几乎碰到一起）。

4 小心地将一本书放在上面三个黏土球形成的平面上。

继续

5 如果这个筷子塔仍然保持竖立，再加一本书，一直加到塔倒下，看看你能堆几本书。

6 现在用筷子再搭一个类似的三角形状，但是将黏土球埋到沙子下面 1 英寸深。

7 重复步骤 4 和 5。

8 最后，将黏土球埋到沙子下 4 英寸深，并重复步骤 4 和 5。

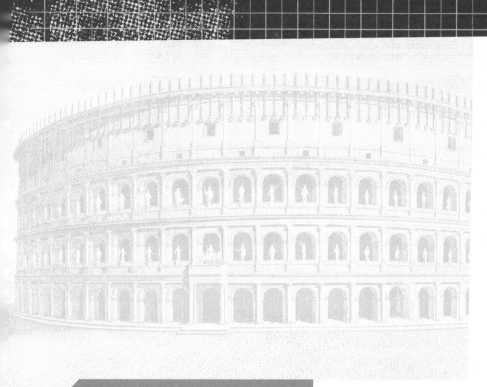

怎么回事

当 "塔" 只是放在沙子上时，书向下的重力足以推倒浅浅的地基。沙子从地基周围被推开。随着地基越来越深，需要越来越大的力才能推倒塔，这很大程度上是因为地基周围较深的沙土需要更大的力来推动它。地基越深，其上方的建筑就越安全。

实验 4

权衡可能性

古罗马工程师有丰富的常识和来之不易的经验，但用于费德那竞技场的"捷径"建造方法则是另一回事。阿提留斯的建造者们未能计算出竞技场本身的木质层可承受多重（你可能在电梯内看到过"最大负载"的警告）。

这个实验给了你一个机会去解决费德那竞技场建造者忽视的问题：承载能力。正确的解答意味着拥有一座经久不倒的建筑。错误的解答可能是……灾难性的。

你需要

◆ 6 张信纸（8.5 英寸 ×11 英寸）

◆ 透明胶带

◆ 削好的铅笔

◆ 聚苯乙烯泡沫咖啡杯

◆ 两枚回形针

◆ 两把相同的椅子

◆ 1 角钱硬币（大约 100 枚）

方法

1 将一张纸纵向卷成一根管子，并在两端用透明胶带加以固定。

2 用铅笔在杯子两侧戳一个洞，距离上边缘大约 1 英寸。

3 剪一段大约 2 英尺长的绳子，并在绳子的一端固定一枚回形针。

4 将绳子的另一端（没有回形针的）穿过杯子的两个孔，然后将回形针固定在该端。

5 轻轻地将绳子从中间提起，使回形针抵住杯子，绳子在杯子上面形成一个环。

继续

6 将两把椅子面对面、相隔约 8 英寸放着，将卷起的纸管放在座位上，这样就在两把椅子之间架起了一座桥。

7 转动纸管使杯子滑到下面，这样杯子就垂在了两把椅子中间。

8 向杯子里一枚一枚地放硬币，在硬币的重力使纸管变形前，预测一下你能往杯子里加多少枚硬币。

9 继续添加硬币直至纸管弯折，记下硬币金额。

10 尝试相同的实验，但用双层纸——纵向卷起两张纸。预测这一次能装多少枚硬币。

11 再用三张纸重复一次——你是否察觉到了其中的科学规律？

怎么回事

你刚刚做了一个基本的承重计算——如果阿提留斯肯费心去留意的话，本可以挽救成千上万人的生命。这张纸可以代表一幢建筑物的一根横梁，而硬币则可以代表人。使用更坚固的材料（或者在这个实验里，增加纸张）可以让相同长度的梁支撑更大的重力。

比萨斜塔

世界上会有人不知道有史以来最著名的工程灾难吗？它的形象频繁地出现在电影、书籍和杂志中，几乎让人觉得有点儿不真实——像独角兽或者龙。当人们亲眼看到比萨斜塔时，他们往往想要逗留一会儿，等它最终倒塌。

但它没有——800多年过去了，比萨斜塔还是没有倒塌。其他错误在世界舞台上出现几个月就会灰飞烟灭，但是，比萨斜塔却只是倾斜、倾斜、再倾斜，一直是建筑师和游客的最爱。它在对抗地心引力吗？一般的科学规律不适用于比萨斜塔吗？为什么它会停止倾斜，而不是进一步斜下去？它是用什么造的，棉花糖吗？这座大家非常熟悉的建筑，原来还是一个谜……

哪里出错了

比萨城位于意大利西海岸，阿尔诺河口。到了 12 世纪，比萨已经成为了一个强大的贸易、艺术和军事中心。在那个时期，就是意大利文艺复兴诞生前的几个世纪，比萨、佛罗伦萨、威尼斯等著名城市都通过建造令人惊叹的宗教建筑来展示它们的重要性。

在 1105 年左右，比萨人开始建造一系列全部采用明亮的白色大理石的建筑。最大的建筑是大教堂，它的两侧是洗礼堂和钟楼（即比萨斜塔）。钟楼于 1173 年动工，后来成为三个建筑中最著名的一个。与其他建筑一样，它标志着建筑风格的转变，从厚重的、到处是弯曲拱门的罗马式建筑风格转向轻盈的、细长的柱子高耸入云的哥特式建筑风格。

唯一的问题是，这座塔楼不是直指天空，而是开始下沉。它甚至没有垂直地下沉。它首先向一个方向倾斜，建造者试图通过不均匀的建造（让塔看起来比较直）来掩盖塔倾斜的问题。然而，它又开始向另一侧倾斜，于是他们在另一边玩相同的把戏。似乎一切都不对劲。

文艺复兴

中世纪晚期的一段时间，欧洲人重新发现了一些古希腊和古罗马的艺术传统，并开始将它们应用于自己的艺术、建筑和文化中。

到了 14 世纪，比萨钟楼的问题已经很明显了。它已经被人称作斜塔。尽管如此，塔的建造工作还在继续，一直到 1370 年它达到了 8 层的高度。它完工了，但仍然与垂直方向成 3° 角的倾斜。

继续，继续，完成

位于比萨以北大约125英里①的帕维亚居民，可以告诉比萨人一些关于塔倒塌的事情。1989年3月18日的早晨，城里236英尺高的市民塔的砖块开始掉落。几分钟后，塔就倒塌了，造成4人死亡，15人受伤。倒塌的确切原因仍是个谜——这座塔自1060年以来就一直矗立着，甚至从来没有倾斜过。

这座斜塔最终变得举世闻名——它的辨识度与帝国大厦或泰姬陵一样高，每年有成千上万的搞笑照片（人们假装要把它推回去）以它为主题。但如果它是直的，这个意大利建筑的美丽典范还会有今天一半的名气吗？

---

① 英制计量单位，1 英里相当于 1.61 千米。

逆转时光

几乎可以肯定，比萨塔的倾斜是由两大因素造成的：塔下松软的土壤以及不稳定的地基。建筑商可能对这两个因素不屑一顾，因为在1173年塔楼动工时，另两大宗教建筑已经矗立在这块土地上。大教堂和洗礼堂都是大型建筑，它们微小的倾斜可能不会被肉眼捕捉到。

所以在施工开始后不久，看到塔楼向北倾斜，而施工人员只完成了计划的8层中的3层时，大家一定感到震惊。尽管无数次被战争打断，建造者仍花了840年来拯救这座塔。起初，他们尝试了视觉错觉——加长了三楼北侧的柱子，使塔楼看起来更加竖直。到了1272年，塔开始向南倾斜（它现在仍然指向的方向），因此建造者又开始延长上层南侧的柱子。

直到 20 世纪，工程师才真正开始努力阻止塔楼进一步倾斜——至少保证塔楼不倒塌。1911 年，科学家测量到塔顶的倾斜速率为每年 0.05 英寸，并且这个速率还在加快。随着帕维亚的一座类似塔楼在 1989 年倒塌后，比萨塔暂停对公众开放了。

从 1990 年开始，来自世界各地的工程师和科学家制订了一个长期计划，要一点一点小心地从塔楼地基较高的北侧下掏土。这是个复杂的策略，但仍依赖于质心的基本原理。塔楼于 2001 年重新开放，工程师充满信心地预测塔楼在未来 300 年内都是安全的。时间会证明一切……

质心

物体内部或附近的一个假想的点，物体的质量被认为集中在这个点。

实 验 5

它会翻倒吗

记住，科学术语"质心"是指物体的质量集中的一个点。这是什么意思？一个质量均匀分布物体——比如冰球——质心就会在正中间。但对于一个质量分布不均匀的锤子，质心就会在锤子的头部。

为什么质心如此重要，尤其是对于比萨斜塔而言？很简单。如果某个物体的质心位于物体的底部（接触地面的部分），那么物体将保持直立。如果不是，好吧，快抓住它，因为它要倒了。这个实验显示了物体的质心是如何移动的。这种移动在比萨已经持续了几个世纪。我们来看看当质心偏离太远时，会发生什么事情。

你需要

◆ 空的易拉罐
◆ 地板、桌子或者柜子
◆ 水

方法

1 把空的易拉罐放在地板上。

2 倾斜易拉罐，使其只靠底座的一小部分站立，然后松手——它会翻倒。

3 试着将易拉罐倾斜呈不同的角度——结果仍是翻倒。

4 往易拉罐中注入大约三分之一的水。

5 重复步骤3——如果你足够小心，当你松手时，罐子仍然立着（并且仍是斜着的）。

1/3

怎么回事

刚开始时，空罐的质心几乎就位于易拉罐的中心，但不是在倾斜的易拉罐小底座的上方。当你往罐中注入水后，罐子的质心会向下移动（因为注入的水的额外质量），增加了罐子的稳定性。新的质心就位于罐子底座的上方，所以它立住了。幸运的是，到目前为止，斜塔的质心仍在基座之上。现在你知道了，如果修复工作没成功将会发生什么。

它正在下沉

　　为什么世界上那些最大、最宏伟（也最重）的建筑没有倾斜呢？原因很简单，它们建造在坚硬的地上。纽约高耸的摩天大楼坐落在具有数十亿年历史的坚硬花岗岩上。欧洲的许多城堡都建造在山上，而这些山往往都是由最坚硬的岩石构成，且这些岩石没有像它周围的东西那样被磨损过。

　　同时，比萨斜塔存在一个问题，建筑工人只挖了约 6 英尺深的地基，而且底土不太坚固——这座又大又重的塔建造在无法支撑它的土壤上。工程师们常用一个词来形容一座建筑物沉入松软不平的土壤中：沉降。你可以在下面这个实验中看到地基的效用。

你需要

- ◆ 10 张废纸
- ◆ 大本的词典
- ◆ 10 本书（最好是精装的）
- ◆ 两个空蛋盒（能装 12 枚鸡蛋的）

注意！

最好在户外坚硬的地面上进行这个实验，这样你就不会破坏屋内的任何东西。

1 将足够多废纸揉成团，铺在大约 1 平方英尺的硬地板（木板、瓷砖或混凝土）上。

2 从词典开始小心地堆书，把最重的书放在最下面。

3 继续堆，直到书掉落或者纸团坍塌，数一数你堆了多少本书。

继续

4 将两个空蛋盒并排放在纸团上，重复步骤 2 和 3。

5 再次重复步骤 2 和 3，但直接把书放在地上。

怎么回事

你已经看到你的书"塔"是如何在纸团、蛋盒和硬地面等不同的底土上站立的。如果你可以想象曼哈顿或苏格兰高地拥有像你家地板一样坚硬的岩石地基，那么你就能明白高大的建筑物是如何在不摇摆或倾斜的情况下得到反撑的。可怜的比萨斜塔有的只是一个和纸团一样松散的地基。然而，整个大教堂广场的地基又不完全一样。与比萨塔相邻的另外两座更大的建筑都是很安全的。钟楼的建造者只是没有足够的运气——在坚硬的石头上建造它。这时沉降开始发生。

倒塌的 大教堂

　　" **我** 们将建造一个非常高的尖顶，一旦建成，所有看到它的人都会认为我们疯了！"

　　这听起来不像是一个头脑冷静的工程师在描述一个新项目的计划。事实上，这句话听起来像是"白日梦"，而不是实际的东西……比如管道工程或排水管。

　　但追溯到16世纪中期，这句话宣告了一个大项目的启动，那就是建造博韦大教堂的巨大尖顶。当时人们确实认为建造者太疯狂了，因为他们都觉得尖顶会坍塌。最不可思议的是，博韦大教堂有一个高耸结构倒塌了300年再重建的辉煌纪录。

　　是什么促使博韦人不断地建造尖顶，难道只是为了看到它们不断倒塌？这里面有什么东西？是当地的臭奶酪？

哪里出错了

这一切都始于 1225 年，当时米隆德南特伊主教决定在巴黎以北 35 英里的一个繁荣小城博韦建造一座新的大教堂，取代老的小教堂。在此 10 年前，就在英吉利海峡的对面，一群英国贵族就迫使国王约翰签署了《大宪章》。这份文件限制了国王的权力，并迫使他承认贵族的权利。法国北部强大的贵族也渴望展现他们的重要性。还有什么方法是比建造一座法国最高的教堂——甚至比巴黎的教堂还要高——更好的呢。这座大教堂肯定可以向国王发出一个信号。

建造者知道这座新的大教堂将是巨大的，部分地基甚至会延伸至地下 30 英尺。但它主体是向上的——唱诗班的天花板，不到 160 英尺，是所有基督教教堂中最高的。这个破纪录的工程于 1272 年完成，但是到了 1284 年，它的一部分却已倒塌了，所以工人增加了很多柱子作为应急措施。接着，百年战争爆发了，因此中殿（大教堂的主体部分）工程被搁置了。

到达天堂

博韦大教堂不仅仅是想要大，还要高，以象征人类对天堂的向往。博韦大教堂也是哥特式建筑中最杰出、最极端的例子之一。哥特式教堂采用飞扶壁来支撑墙壁的重量。这意味着墙壁可以更薄更高，甚至还可以在墙上挖出巨大的洞，装上明亮多彩的彩色玻璃窗。

　　工程于 1500 年重新开始，建造工作的重点是耳堂（穿过教堂中殿的前面部分，形成大教堂的十字形状）。1548 年完工后，当权者决定建造一个巨大的尖顶，而不是开始中殿的建造工作。这个巨大的尖顶于 1569 年完工，它有 502 英尺高，使得博韦大教堂成为了世界上最高的建筑。虽然，这个纪录只保持了 4 年。在 1573 年 4 月 30 日，尖顶和三层高的钟楼轰然倒塌。幸运的是，没有人受重伤。

　　到现在为止，大教堂的组织者或许是因为缺乏资金，也或许是因为没有自信，大教堂一直没有建成。1600 年，他们在中殿进行了一次短暂的施工，就又停工了。博韦大教堂至今仍未完成。

逆转时光

位优秀的工程师或设计师的标志就是能够吸取过去的经验教训。有证据表明，博韦大教堂的设计者们知道如何借鉴过去的经验——至少了解建筑物的大部分结构。以地基为例，博韦的工程师们熟悉过去的成功建筑（比如在巴黎街道上的巴黎圣母院），也谙熟历史上的最大建筑物禁忌，比如费德那竞技场和比萨斜塔。

他们知道新的大教堂是非常庞大的，会有巨大的力推向周围的土壤。这可以用来解释为什么大教堂的一部分由超过 30 英尺的地基支撑。他们也知道哥特式建筑的特色——飞扶壁，可以转移走墙体上的大部分力。

一般来说，哥特式建筑都是高耸且内部明亮的，而这两者的关键就是飞扶壁。通过消除建筑物大量横向（水平）的力，扶壁承担了墙壁的部分作用。这意味着墙壁可以更薄，甚至可以为窗户留出空间。

工程前期，一切顺利，当建筑开始伸向天空时，问题就出现了。越高的建筑意味着越高的墙壁。高的墙壁则意味着高的扶壁。但是即使是扶壁也是有重量的，所以设计师就想要让扶壁更薄，而它们转移力的效果就变差了——尤其是在法国北部的强风中。这不是一个好的举措。

扶壁

拱券

墙

飞拱

　　扶壁是一种建筑的支撑物，它可以将墙壁的侧向（向外）的力引导向地面。它的工作原理有点像自行车上的辅助轮。扶壁可以是坚实的，像一个巨大的鳍一样突出。但是哥特式设计师意识到，即便扶壁只通过到一个叫作"拱券"的小拱与墙壁连接，仍然可以转移力。

伸得更高

现在你已经知道了扶壁的重要性——尤其是那些高耸的哥特式建筑，比如博韦大教堂。因为扶壁能够引导墙壁的横向力，使得墙壁能够保持垂直状态。不过，"纸上得来终觉浅，绝知此事要躬行"。下面有一个实操游戏，可以帮助你"体会"这些力。

你需要

◆ 4 个朋友
◆ 湿滑的地板

方法

1 让两个朋友穿着袜子（不要穿鞋子）面对面地站着。

2 让这两个人各退一步。

3 现在让另外两个朋友分别坐在第一对朋友背后的地板上，并让他们的背抵住第一对朋友的腿（第二对可以穿鞋）。

4 请第一对朋友双脚保持不动并抬起双臂。

5 现在让第一对朋友身体前倾，这样他们的双手就会碰在一起，搭成一个拱门。

注意！

这个游戏最好在室内进行，在光滑的地板上尤佳——如果你跑得很快，然后突然停下，这种地板很容易打滑。当然我们并不建议上述行为。

6 询问第二对坐着的朋友是否能够感受到来自拱门的力。

怎么回事

你 的朋友们已经证明并感受到了扶壁是如何将墙壁的横向力引导到垂直方向上来的。飞扶壁虽然看起来没有怎么接触墙体，但是它确实分散了墙壁的横向力。如果坐在地上的一位朋友突然站起来（就像一阵强风吹走了一个扶壁的拱券一样），你可以想象一下会发生什么……

泰桥的
灾难

到19世纪中期，大英帝国的实力接近顶峰。虽然英国人失去了已经成为美国的13个州的殖民地，但他们仍然控制着世界的大部分地区。事实上，当时流传着这样一句话"大英帝国的太阳永远不会落下"，这是因为当加拿大的太阳落山时，澳大利亚的太阳又升起来了。

管理这个庞大帝国的是一个岛国——大不列颠，它通过工业和工程变得强大。这种自豪感在苏格兰最为明显，那里的钢铁厂、纺织厂和大型造船中心是苏格兰北部财富的引擎。

所以用世界上最长的桥梁——这一工程学的奇迹——将苏格兰发展最快的城市邓迪和英国其他地区连接起来，就再合适不过了。但是这种骄傲在1879年的一个暴风雨之夜变成了恐怖，泰桥弯曲并坍塌了，带着桥上的一列快速列车冲进了桥下面汹涌的河水中。

哪里出错了

铁路时代始于19世纪初的英国。到了19世纪70年代，数千英里的铁轨连接了世界上曾经十分遥远的地方。英国人建造的铁路横跨他们庞大帝国的丛林、沙漠和山脉，并将机车和铁路设备出口到许多其他国家。

苏格兰是英国工业重地之一，铁路公司竞相修建连接苏格兰城市与英国其他城市的铁路。苏格兰最重要的城市之一就是发展迅速的邓迪，它位于英国的东海岸，泰河北岸。随着苏格兰工程自豪感的高涨，苏格兰人决定建造一座横跨泰河的铁路桥，连接首都爱丁堡。

从一开始，人们就知道这将是世界上最长的桥，著名工程师鲍奇爵士承担了桥梁设计。1871年，这项工程开始了。这座桥将由格构梁组成，而这些格构梁被90英尺高的桥墩支撑着。鲍奇最开始的计划是要将这些桥墩沉入河底的基岩中，但一开始建设就发现基岩层太厚了。于是，建造者改为用沉箱支撑桥墩——沉箱是沉到河床里的容器，里面装满了混凝土。

格构梁

一种金属梁或大梁的排列，它们纵横交错（呈网格状）以提供更大的强度。

随着泰桥的建成，苏格兰又完成了一个工程奇迹。但是，所有的一切都在 1879 年 12 月 28 日的夜晚突然改变了。风暴肆虐了整整一天，目击者回忆说，飓风级的狂风横扫了这座 250 英尺宽，距离冰冷的水面 100 英尺高的大桥。晚上 7 点刚过，一列来自爱丁堡的火车正好在桥上通过。

河上的一名船夫看见了火车快到桥中央时发出的灯光，突然刮来一阵大风，他眯起了眼睛眨了眨。过了一会儿，他再次抬头看了看，桥上的灯光不见了——没有了火车的踪影。泰桥的整个中央部分已经塌了，火车坠入了 100 英尺下的河中。

基岩

一层坚硬的岩石，如花岗岩，为建筑物提供安全的地基。

逆转时光

究竟是什么导致了泰桥如此壮观的坍塌？起初，很难判断是桥本身的设计存在问题，还是桥在实施建造中存在问题。当然，一个已知的因素是强风。

在 1878 年 6 月大桥通车前 4 个月，有一位安全检查员考察了泰桥，并警告说强风可能会在以后造成问题。结果证明他是完全正确的。要弄清风是如何造成事故的，可以将椅子搁置在像地毯一样的防滑表面上。如果你扶着椅背推，那么靠近你的椅子腿就会抬起。如果这些椅子腿被固定在地板上，那么它们会受到一种叫张力的力，这种力仍会试图抬起椅子。而其他的椅子腿则会被一种叫作压缩力的相反方向的力往下压。风推动桥梁结构的效应，就像你推动椅子一样——被称为风荷载。

凸耳

像把手一样的凸出物，凸出的部分可以连接起来。

鲍奇在设计这座桥的时候听取了英国一流工程师关于风荷载的建议。他们提议设计一座风荷载只有 10 磅力/英寸^2（psi）的桥。同一时间，布鲁克林大桥的建造者正在为让大桥能承受 50 psi 作准备，而埃菲尔铁塔的承受等级甚至更高，达到了 55 psi。现代摩天大楼的承受等级则达到了 3000 psi 甚至更高。所以这座又高又窄的桥的设计不足以应对大风。

当然，鲍奇得到了一些糟糕的建议，但他本人也受到了抨击，这是根据一组英国科学家最近的研究得出的结论，他们用数字显微镜检查 135 年前的泰桥遗迹照片。刘易斯博士的结论是，鲍奇选择这种金属做交叉支撑（格构梁搭建的另一种说法）和凸耳是非常不好的选择，因为金属的脆性会使它变弱——"金属疲劳"的典范（金属长时间或反复承受压力时，会变弱）。虽然那个时代的工程师还不知道这个概念，但他们大多数已经足够了解如何避免使用受影响的金属。

风荷载

"我又是吹，又是呼……"

苏格兰人为他们悠久的发明史感到骄傲，尤其是在工程学领域。但是在 1879 年的那个夜晚，一个工程学奇迹却成为了苏格兰强风的牺牲品。这个实验向你展示了看不见的风的力量有多么强大，以及它在将一列火车推入下面冰冷的河水中所起的作用。这个实验中我们搭建像泰桥一样的格构梁，你可以看看它们是如何支撑桥梁的。

你需要

◆ 三块同样大小的木头（大约 6 英寸 ×4 英寸 ×1 英寸）

◆ 吹风机

◆ 尺

◆ 胶水

◆ 4 把旧的指甲锉或冰棒棍（越长越好）

方法

1 把三块木头搭出一座基本的桥的形状——两块木头之间隔开几英寸直立放置，第三块木头横在上面。

2 把吹风机开到最大，对着桥吹。桥可能会倒塌。如果桥还站着，就用尺子轻轻戳它一下（要记住你使了多大的力）。

继续

3 再把桥搭起来。

4 将两把指甲锉一头粘住平放的木头的左侧，另一头粘在右侧竖放木头的中间，两把指甲锉并排靠拢。

5 从右上到左侧中间同样地粘上两把指甲锉，4 把指甲锉形成一个"X"形。

6 等胶水干后，重复步骤 2。即使你用与之前相同大小的力（吹风机吹或用尺子戳），加固后的桥应该依然直立。

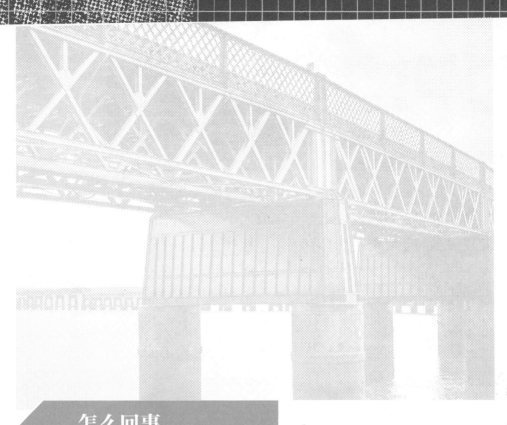

怎么回事

当一个横向（水平）力作用于格构梁时，它们会挤压在一起，为结构起到一个支撑的作用。泰桥的设计确实采用了格构梁交叉支撑。但正如我们所知，它没有足够的强度来承受 12 月份的那个夜晚强大的风荷载。下一个实验可以解释格构梁强度不够的部分原因。

啪嗒，断了

　　工程学的实现取决于如何将设计付诸实践——照字面理解，即具体到细节问题。当现代摄影专家放大了泰桥灾难的一些照片时，他们发现许多问题可能与凸耳有关系。这些金属片对每个连接处都至关重要，它们将交叉支撑连接在一起，而从照片上来看，似乎很多这样的金属片都"弹开"了。这引起了一系列的连锁反应，与它相连的金属片也"弹开"了——最终整座桥都塌了，就像有人突然拉开了拉链。

　　接下来的实验大概是整本书中最快、最简单的实验，但是它却解释了工程学史上最具毁灭性的灾难之一。

你需要

- ◆ 手套
- ◆ 回形针

方法

1 戴上手套以防万一（可能会有一点热）。

2 解开回形针，将它拉直。

3 捏住回形针的两端。

4 扳弯回形针，使其两端几乎接触。

5 再反向扳回形针，也使其两端几乎接触。

6 来回扳回形针，直到它断裂。

怎么回事

你 刚刚演示了一个工程原理，这个原理现在的每个设计师都会重视，但在 1870 年代它尚未被研究过——金属疲劳。金属在经受长时间和反复的压力后会变弱，容易断裂——就像你刚才反复扳回形针一样。在 1879 年的那个晚上，泰桥上的所有凸耳都承受到了来自大风的巨大压力。

"永不沉没"的 "泰坦尼克"号

英国的"泰坦尼克"号在 1912 年 4 月 10 日开始了它横跨大西洋上的处女航。它是世界上最大、最著名的船。报纸和杂志都刊登了它豪华的头等客舱、健身房、游泳池以及头等舱乘客的豪华大楼梯的照片。最重要的是，船的拥有者宣称"泰坦尼克"号的设计使得它"永不沉没"。

启航后的第四天，午夜前后，"泰坦尼克"号撞上了冰山。很快大家就意识到，这艘船保不住了。随着船渐渐地沉入大西洋，乘客们开始挤向救生艇。撞击后不到三个小时，"泰坦尼克"号就断裂，并沉入海底。超过 1500 人死于这场历史上最具戏剧性的航运悲剧。号称"永不沉没"的船沉没了。

哪里出错了

那个时候的船还没有雷达、互联网连接以及卫星导航——这些帮助现代船只避免与其他船只或冰山相撞的重要技术。船长史密斯和885名船员不得不依靠自己的视力以及附近其他船只的电报来发现危险。

4月14日晚上11点40分，危险降临。当"泰坦尼克"号在距离加拿大纽芬兰东南约400英里处，以每小时21海里的速度行驶时，在距离船头约0.25英里的地方发现了一座冰山。冰山擦撞过了船头，在"泰坦尼克"号的右舷（右）边缘凿出了许多裂缝。

16个密封舱中有6个进水，导致船体缓慢前倾，就像潜水艇准备下潜时那样。凌晨0点40分，警报声响起。乘客们开始登上救生艇。那熟悉的"女人和孩子先上船"的喊声在上层甲板响起，而此时上层甲板正在向海的深处倾斜。

姐妹舰

"泰坦尼克"号是白星航运公司按照几乎相同的设计建造的三艘客轮之一。"奥林匹克"号于1911年首次启航，它前往纽约的处女航没有遇到任何障碍，直到1935年这艘船一直在服役。第三艘船"不列颠尼克"号于1914年下水，在第一次世界大战期间成为了英国的医疗船，直到1916年被水雷击中沉没。在"不列颠尼克"号沉没事故中幸存下来的一名护士杰索普，也曾搭上过"泰坦尼克"号的不幸航程。

　　在甲板下，水涌进船舱，增加了船的质量，将船头进一步往下拉。没有头等舱票的乘客待在下层甲板的船舱里，许多人发现出口和楼梯都被堵住了，他们很快就会和船一起沉没。

　　在此期间，"泰坦尼克"号一直通过电报发送求救信号，并发射信号弹吸引附近船只的注意，但无济于事。船继续向下倾斜，直到凌晨 2 点 20 分，它断裂并完全沉没。凌晨 4 点，"喀尔巴阡"号抵达事故现场，救起 710 名幸存者。波涛汹涌的大海、暴风雨以及诸多冰山拖慢了"泰坦尼克"号前往原定目的地纽约的行程。灾难发生近 4 天后，4 万人向幸存者致以慰问。

逆转时光

"**泰**坦尼克"号的许多设计决定都是基于一些很基础的工程错误。设计者将船舶划分为 16 个水密舱，由被称为舱壁的垂直墙分割。如果船与物体相撞，船体被刺穿，水就会涌入其中一个舱室。舱壁上的门会关闭，所以水密舱就像一个水坝。设计师指出，当有 4 个水密舱装满水时，这艘船仍能保持漂浮状态——但最多也只能有 4 个。

在船的拥有者看来，这一切意味着"泰坦尼克"号在碰撞后能坚持几天——有足够的时间安全抵达港口。他们对水密舱的设计充满信心，甚至考虑减少救生艇的数量，因为它们破坏了头等舱乘客的视野。事实上，尽管"泰坦尼克"号上有 2223 人，这艘船的 20 条救生艇只能救 1178 人——这在今天是违法的。

舱壁

　　在你思考如何阻止"泰坦尼克"号沉没前，先想一想它起先是如何浮起来的。毕竟这是一艘巨大的钢铁船：882英尺长，175英尺高，超过46 000吨重（没错，是吨）。它能够浮起来，是因为它遵循了浮力的基本原理。水密舱将保持船的低密度，并保持其浮力。但是，如果水从一个水密舱溢出，流入相邻的水密舱，那么大量的空气就会被排出，使船下沉得更快。

　　这就是发生在"泰坦尼克"号上的事。它的舱壁不够高时，水从一个舱室溢出，流到了相邻的舱室。6个水密舱都灌满了水——而工程设计的上限是4个。所以这艘船不是仅受轻伤，一瘸一拐地驶进港口，而是注定要沉没。

基础浮力知识

　　如果一个物体的密度比某种液体小，它就会漂浮在该液体上。密度大概的意思就是物体的质量与体积之比。"泰坦尼克号"很重，但它的体积也很大，而且它的大部分体积被空气占据（船舱、舞厅、走廊和其他开放区域）。然而，当水灌入后，船的浮力减弱，随之就沉没。

保持漂浮

工程师喜欢制作模型来测试他们的想法，并在小范围内付诸实践。在这个简单的实验中，你将用厨房水槽来代替大西洋。目标是看看浮力是如何在实践中起作用的。使大型船只不沉没的浮力原理也可以用来解释你如何让自己的小船不闯入海绵宝宝在海底的家。

你需要

- ◆ 水槽
- ◆ 水
- ◆ 造型黏土（或橡皮泥）
- ◆ 纸巾

方法

1 将水槽用塞子塞住，灌满水。

2 拿一块黏土，将其搓成一个球（和一个柠檬差不多大）。

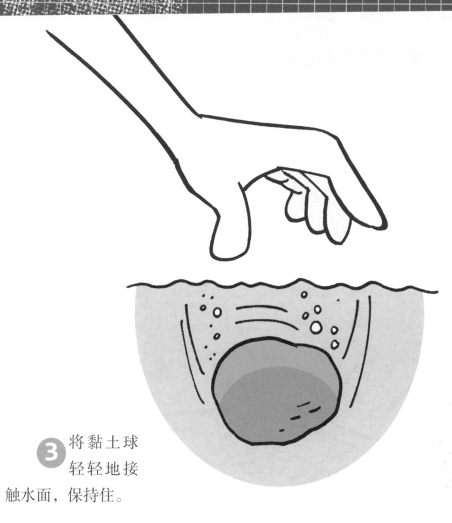

③ 将黏土球
轻轻地接
触水面，保持住。

④ 现在松开黏土球——它会沉入水槽底部。

⑤ 用纸巾擦干黏土球，将它捏成平底船状（大小与你的手掌相
当），并确保短边向上。

6 将小船小心地放在水面上——这次它会浮在水面上。

怎么回事

这个实验是浮力如何工作的理想示范。浮力实际上是液体（水槽中的水，或者"泰坦尼克"号行驶过的大西洋的海水）产生的向上推力。与之相对的是物体（黏土或"泰坦尼克"号）向下的重力，导致物体下沉或将水排开。例如，当你进入浴缸，浴缸里的水溢出，是你排开了水。

如果一个物体排开的水的质量比它本身重，它就会浮在水面上。黏土船和"泰坦尼克"号相比自身，它们排开的水的质量要重得多，所以能浮在水面上。黏土球和黏土船的质量是一样的，但黏土球更小更紧凑的体积意味着它没有排开多少水，所以它沉了下去。而当"泰坦尼克"号开始进水（变重），也就沉没了。

溢出

　　你将再一次像一名真正的工程师那样处理一个问题——制作一个模型来测试一个基本原理。第二个实验也非常简单，但是它直接触及了导致"泰坦尼克"号沉没的重要工程问题的核心。

　　塑料冰块模具的中空立方体代表"泰坦尼克"号上的水密舱。这本该是使船"永不沉没"的工程特征。当一些水密舱里的水溢出到相邻舱时真正的问题出现了——灾难变得不可避免。

你需要

◆ 浴缸或水槽

◆ 水

◆ 水壶或塑料瓶

◆ 塑料冰块模具

◆ 造型黏土或橡皮泥（如果需要的话）

1 往浴缸或水槽里灌超过一半的水。

2 将水壶或瓶子装满水。

3 把冰块模具放在水槽或浴缸的水面上，想象模具是"泰坦尼克"号，立方体的冰格是水密舱。

继续

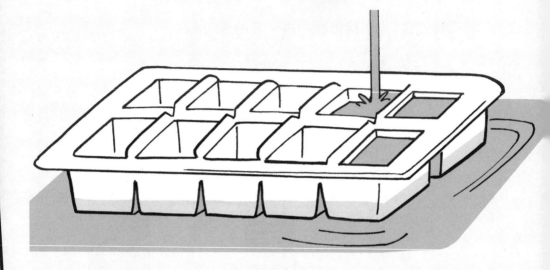

4 小心地将水壶里的水倒入冰块模具最右边的两个格子，检查模具是否还漂浮在水面上。

5 继续将水倒入第二列的格子，看着水溢出到第三列格子。

6 缓慢地灌满第三列格子，然后是第四列格子。

7 一直加水，直到冰块模具沉没。

8 可选：有些冰块模具受到的浮力很大，不会自己下沉。如果你的模具没有下沉，可以在每一个格子里加一颗弹珠大小的黏土球。

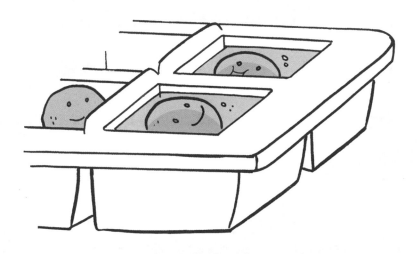

怎么回事

　　"泰坦尼克"号的设计者曾预测，即使4个水密舱都装满了水，船也不会沉没。但是在那个4月的夜晚，"泰坦尼克"号的6个水密舱都遭到了破坏，因为舱壁顶部没有密封(像现代船只那样)，水从一些水密舱流到了相邻的水密舱。这个实验演示了"泰坦尼克"号的沉没是如何发生的，以及船头是如何被灌满水的水密舱拖入海底的。

波士顿
糖浆洪水

"**听**说过那个致命的糖浆洪水吗？""哦，当然。它是不是和可怕的冰激凌冰川或者棉花糖爆发差不多同时发生。"

这是大多数人听到1919年波士顿遭受了一场可怕的糖浆洪水时的反应。但这是真的，正如俗话所说，"真相比小说更奇怪"。230万加仑①的糖浆被储存在一个50英尺高的铁罐中，而这个铁罐爆裂引发了洪水，当你得知这一消息时，你将遭遇一些可怕的事情。首先，糖浆以35英里／时的速度移动，这意味着任何在它移动路径上的东西——人、马匹和车辆——都无法逃脱。事实上，这场事故中有21人死亡，150人受伤。

人们说，几十年后，在炎热的夏日你还可以闻到糖蜜的余味。这可能是真的也可能不是，但它留下了一个大问题：洪水是如何发生的？在寒冷的一月，糖浆真的流动得这么快吗？

①美制计量单位，1加仑相当于3.79升。

哪里出错了

那是波士顿的一个星期三，刚过中午，人们的心情都相当好。第一次世界大战在两个月前结束了，"红袜队"（由年轻的贝比·鲁斯率领）最近在三年内赢得了他们的第二个棒球世界大赛的冠军。最重要的是，相对温和的天气预示着春天的到来。

在离市中心不远的北端，一个工业区内，人们正忙着自己的事。一些工人甚至觉得天气很暖和，可以在外面工业酒精糖蜜贮罐的阴影处吃午餐。这个贮罐由金属曲面板制成，在街道上方 50 英尺，里面装有原糖蜜（液态的糖）。

中午 12 点 40 分，人们听到贮罐发出低沉的隆隆声。没人来得及猜出发生了什么，一道 8—25 英尺高的糖蜜墙从罐中喷了出来，冲到了街上。它以惊人的每小时 35 英里的速度移动，比当时波士顿街头的任何一辆车的速度都要快。

三角贸易

波士顿的糖蜜是用来做什么的？这个故事可以追溯到几个世纪前的殖民时代，当时来自加勒比群岛的糖蜜被运往波士顿制成朗姆酒。其中一些朗姆酒将会被运往西非出售，美国商人用这笔钱在那儿购买奴隶，然后将奴隶送往加勒比群岛……而奴隶采摘更多的甘蔗制成糖蜜。到了1919年，奴隶制被废除，糖浆被更多地用来制造工业酒精，而不是朗姆酒。

波士顿的《环球晚报》描述了当时的情景："巨大贮罐的碎片被射向空中，附近的建筑物开始坍塌，就好像它们的基地被抽走了一样，许多建筑物里的人被埋在废墟里，一些人死亡，还有一些人则受了重伤。"

那些目睹了洪水（被一些人比作海啸）的人难以相信自己的眼睛。浪潮过去后，掉落的高架铁轨、倒塌的建筑物以及翻倒的车辆就混杂在这黏糊糊的东西里。医疗队赶到了现场，他们不得不蹚过齐腰深的糖浆才能来到伤者处在的位置。清理工作花了数月时间，用了大量盐水和沙子来冲走或吸收糖蜜。

逆转时光

当时的工程师一致认为贮罐爆炸是由于结构缺陷加上反常的温度。但是当受害者以及他们的家属将美国工业酒精公司告上法庭时，这家糖蜜公司很快推卸责任，声称是政治极端分子炸毁了贮罐。

其中一起针对该公司的诉讼是由波士顿高架铁路公司提起的，该公司在这场灾难中失去了一条高架铁轨。这家公司聘用了国内最受尊敬的工程师之一——斯波福德教授，来证明贮罐的拥有者存在过错。斯波福德将贮罐的碎片带回了他在麻省理工学院的实验室，就在距离波士顿几英里外的剑桥市。

经过仔细的检查和测试，斯波福德得出结论："贮罐的金属板太薄了，承受不了里面所有糖浆的压力。"此外，贮罐用的铆钉太少，无法安全地连接金属部件，所以铆钉可能会弹出来。目击者的证词支持了这一观点：据报道，铆钉像机枪子弹一样到处乱射。

炸弹论被推翻了，很明显，问题出在贮罐的设计上。调查人员检测了贮罐的结构，发现了更令人震惊的证据。1915 年监督贮罐建造的人既不是建筑师也不是工程师——事实上他连设计蓝图都不会看。当地居民指出，贮罐从使用的第一天就开始泄漏了。贮罐的主人没有去解决这个问题，而只是将罐子涂成了棕色，这样就没有人会注意到泄漏。

什么时候液体不是液体

　　一个令人费解的问题就是糖蜜洪水的速度。糖蜜是一种有趣的物质，科学家称之为非牛顿流体。这些流体（包括番茄酱、牙膏和鲜奶油）的高黏度在外力作用下会发生改变。这就是为什么你不猛敲瓶子一下的话，番茄酱似乎永远也倒不出来。罐里的糖蜜承受着很大的压力，所以当贮罐爆裂时，它就冲了出来。

顶住压力

对糖蜜罐碎片的专业分析表明，金属板太薄弱，并且使用的铆钉太少，无法承受内部糖蜜的压力。人们认为，部分压力是糖蜜发酵时产生的气体造成的（糖在转化为酒精时会产生一些副产品气体）。

但是贮罐爆炸的最大原因还是罐内的液体太多（超过 200 万加仑）。大约 50 英尺的液体深度增加了压力，尤其是在靠近容器底部的地方。当你在水下游得越来越深时，你就会有同样的感觉。

下面的实验可以让你看到压力如何随着深度的增加而增加。另外，你可以知道当液体有机会逸出时，压力对它的影响。

你需要

◆ 三个空的大塑料汽水瓶（它们的大小必须相同）
◆ 尖锐的铅笔或刀子
◆ 两个朋友
◆ 水

注意！

实验时可能会有点湿，所以你最好在户外进行这个实验。并且在使用尖锐的铅笔或刀时要格外小心。

方法

1 用铅笔或者小刀在第一个瓶子距离顶部大约 2 英寸的地方戳一个和铅笔差不多宽的小洞。

2 重复步骤 1，在第二个瓶子的中间位置戳一个洞。

3 重复步骤 1，在第三个瓶子距离底部 1 英寸的地方戳一个洞。

继续

4 给每个朋友分一个瓶子，自己留一个。每个人都用手指堵住瓶子上的孔，把瓶子灌满水。

5 将瓶子间隔 2 英尺排成一排，瓶子上的孔指向前方。和你的朋友一起松开手指，观察每一股水流喷出的距离。

6 比较每条水迹的长度。

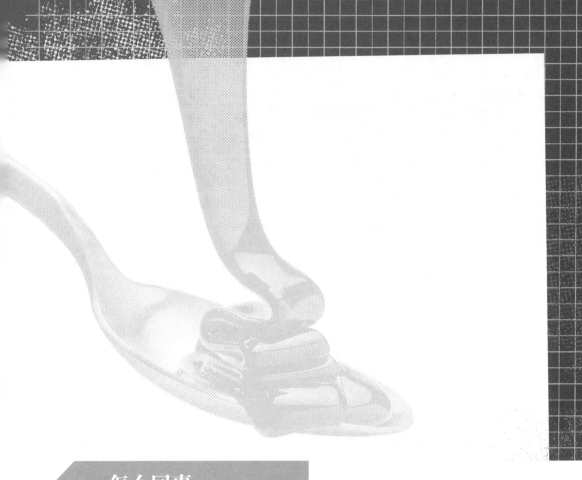

怎么回事

你 可以看到深度的增加会对水施加更大的压力，使水射得更远。这就是为什么孔越靠近瓶子底部，水流就射得越远。想象一下 230 万加仑糖蜜罐底部的压力。

像糖蜜一样慢

下面这个实验可以帮助你想象 1919 年 1 月波士顿人看见糖蜜贮罐崩裂时的震惊。他们受到了双重打击——首先是贮罐爆炸，其次糖蜜的移动速度如此之快。

我们现在知道，作为一种非牛顿流体，糖蜜的行为会随着施加给它的压力的变化而有所不同。这个实验实际上是一个有趣的演示，演示了一个突如其来的力（你）作用在另一个非牛顿流体（牙膏）时的表现。

你需要

◆ 一管你能找到的最便宜的牙膏

方法

1 确保你在户外进行这次实验。

2 把牙膏盖取下放在地上。注意，此时没有任何东西流出。

3 用手指轻压牙膏管一秒钟，注意牙膏是如何慢慢流出的。

4 确保牙膏口前方没有人，把脚抬到牙膏上方，然后尽可能用力地踩下。

怎么回事

你只是突然对一个非牛顿流体施加了一个力……当然是出于对科学的兴趣。根据你对非牛顿流体施加的力的不同大小，它的表现是不一样的。在没有额外压力的情况下，液体在管中保持静止，只有当你的手指施加一点力时，它才缓慢流动。但是当你突然用脚猛踩时，它会高速流出，就像波士顿的贮罐中的糖蜜一样。

"兴登堡"号的坠毁

德国飞艇"兴登堡"号被火焰吞没并坠落地面的最后悲剧时刻被拍摄了下来，并由一位情绪激动的电台播音员进行了直播。数百万人听到他带着哭腔呼喊"哦！人类！"如今我们已经习惯了在现实中看到戏剧性的事件，但是在 20 世纪 30 年代，这种经历是新的、令人不安的。全世界都目睹了新泽西州莱克赫斯特海军航空站的灾难。

飞艇坠毁的原因目前仍然是一个谜，而这种不确定使飞艇工业倒退了几十年。飞艇会大量回归吗？这只有等我们找到这场激烈碰撞的真正原因后才可能发生。

哪里出错了

在20世纪30年代早期，大多数想要穿越大西洋的人必须坐船，一次航程大约需要一周。商业航空是存在的，但飞机不够大，或者动力不足，无法承载这样漫长的旅途乘客和他们行李所需的额外燃料。另外，即使与现在的经济舱座位相比，当时的大多数客机仍显得拥挤和不适。

1930年，德国提供了另一种选择，将远洋游轮的舒适、豪华与航空旅行的速度结合起来。那年，客运服务开始在飞艇上进行。飞艇是一个巨大的雪茄形状的充气气球，有发动机和舱室。这些飞艇有的时候被称为齐柏林飞艇，以德国人齐柏林爵士的名字命名，因为他在1895年设计了第一艘飞艇。在第一次世界大战期间，齐柏林飞艇曾作为轰炸机出现在天空中。1933年，新的齐柏林飞艇是德国国家荣誉和工程力量的象征。

1936年，德国推出了LZ129"兴登堡"号。

它的长度超过800英尺，宽度超过139英尺，是有史以来最大的飞艇。多达50名机组人员驾驶着这艘飞艇，每次从德国前往新泽西州莱克赫斯特海军航空站的一个特殊着陆场时，能满足多达72名乘客的需求。

　　1937 年 5 月 4 日，经过近 20 次成功的跨越大西洋后，"兴登堡"号从德国法兰克福起飞，开始了它的最后一次航行。两天后，这艘飞艇从纽约市上空壮观地驶过，靠近新泽西州的着陆场。由于雷暴的原因，飞艇被延误了大约一个小时，一直在该地区上空徘徊，等待天气好转。当"兴登堡"号位于海拔 200 米处时，机长下令放下缆绳，以便地勤人员引导飞艇安全降落。

　　这时，地面上的目击者看到"兴登堡"号的顶部出现了蓝光，紧接着其尾部附近出现火焰。刹那间，伴随着一个巨大的爆炸声，飞艇变成了一个火球。这艘齐柏林飞艇猛烈地燃烧起来，它开始解体并坠落到地面上。"兴登堡"号被摧毁了，而这似乎也预示了飞艇的未来。

逆转时光

"兴登堡"号空难既是一个神秘的故事，又是一个工程和设计上的失败。随着第二次世界大战的临近，难道是有人破坏了这艘强大的飞艇？这是许多骄傲的德国人的结论，他们不能接受飞艇可能是设计或建造不当的牺牲品。

破坏、设计和建造都指向一个词——氢气。"兴登堡"号之所以能够飘浮在空中，是因为它的气囊（雪茄状的气球）内充满了氢气。氢气比空气轻得多，所以它能够提供使飞艇飞起来所需的升力。氢气也极易被点燃。飞艇在使用氢气时要采取保护措施，使气体远离明火和突然升温。

大部分人认为"兴登堡"号坠毁的原因是氢气被点燃了。但"氢气是如何被点燃的"仍然是充斥着各种书籍和互联网的未解之谜题。飞艇被蓄意破坏的可能性不大，因为德国官员在起飞前已

蓄意破坏

故意地，通常也是秘密地破坏，损毁某物。

经仔细检查机组人员和乘客的详细情况。同样，美国军方也会注意地面人员的任何枪击、炸弹或其他试图点燃氢气的企图。

现代飞机工程师通过研究"兴登堡"号坠毁的影像，试图解开这个谜团。有一种理论认为静电沿着缆绳向上移动了200米，产生了火花点燃了氢气。另一种理论认为那天晚上的雷暴在金属框架上产生了火花，随后引发了爆炸。

如今，飞艇被用于宣传、观测和探索，也有些飞艇被用于运输。不要惊奇，现在的飞艇已经不再使用氢气，为它们提供升力的气体要么是氦气，要么是热空气（和热气球的原理相同）。所以对于"如何避免这场灾难"的回答很简单："不要用氢气。"

为什么不使用氦气

　　如果氢气那么危险，德国人为什么不用氦气来填充"兴登堡"号的气囊？毕竟填充派对气球的气体几乎和氢气一样轻，而且不会燃烧。这是因为在20世纪30年代，氦气比氢气稀有得多，美国是唯一一个氦储量丰富的国家。美国人并不急于把氦卖给德国人，而且美国国会在1927年通过了《氦控制法案》，禁止这种气体的出口。

不要产生静电

"兴登堡"号爆炸最可能的原因之一是该地区雷暴引起的静电积聚。根据这个理论，放下系泊缆绳使飞艇接地，产生了电流和火花，正是这些火花点燃了氢气。但是你的实验显示，即使很小量的静电也可以产生巨大的冲击。

如果你有一块像学校走廊那样很长的光滑地板，这个绝妙的实验效果会非常好（但你可能会想避开校长办公室）。你甚至可以把实验变成一场比赛，看看谁可以把他的罐子拉到最远。

你需要

◆ 1—3 个朋友

◆ 每人一个气球

◆ 每人一个空易拉罐

◆ 长而直的走廊或其他开阔平整的地板

◆ 羊毛布（可选）

方法

1 每个"玩家"都需要吹起一个气球，并将它的口系紧。每个人轮流进行下面的步骤。

2 将易拉罐放在地板上，这样它可以滚动。

3 用气球用力摩擦头发（如果你的头发太短可以用羊毛布代替）。

4 站在罐子前，面向它，放低气球。

5 罐子会滚向气球。那时，人必须缓慢地往后退，保持罐子滚动。

6 谁能把罐子滚得最远，不让它停
下来，谁就是胜利者。

怎么回事

你 刚刚在与静电为伍，但幸运的是这些静电不会造成"兴登堡"
号式的灾难。用气球摩擦你的头发会使电子（带负电的粒子）
转移到气球的表面，这样就会使气球带负电荷。而罐子的表面带
少量的正电荷，所以正负电荷会相互吸引。带正电荷的罐子会跟
着气球滚动，直到它吸引了足够多的来自气球表面的负电荷，使
得正负电荷数相等，易拉罐就停止滚动。

坠入火焰

　　"兴登堡"号灾难的关键在于氢气快速燃烧引发了爆炸。目前有一种理论认为这个事故是气囊（气球部分）外部的油漆类型引起的。这种油漆中含有化学物质，可以为气囊的外壳增加强度，使其更加安全地飞行。

　　最大的问题是，这种油漆极易燃烧——毫无疑问这是一个坏主意。现代飞艇即使已经不使用氢气作为提供升力的气体，也必须将稳定性和防火性结合起来考虑。你可以通过这个实验做一个快速的测试，展示一种非常基本的成分是如何保护气球外壳不受火焰伤害的。

　　这不是一个危险的实验，但是还是需要戴护目镜和手套作预防措施，以防事态发展过快，使你猝不及防。

你需要

- 火柴
- 蜡烛（最好是放在玻璃杯里的那种）
- 2—3 个气球
- 护目镜
- 手套
- 量杯
- 水
- 朋友

继续

方法

1 点燃蜡烛，让它在桌子上燃烧。

2 吹起一个气球，并将它的口系紧。

3 戴上护目镜和手套，用戴手套的手拿起气球。

4 缓慢地、小心地将气球朝燃烧的蜡烛放下去，气球应该刚好在蜡烛上方爆开。

5 现在将量杯装满水，并让你的朋友拉开另一个气球的口。

6 尽可能多地往气球里灌水，大概 2—3 汤匙。

7 吹起气球并系紧。

8 重复步骤 3 和 4，拿着气球靠近蜡烛保持 5 秒——它应该不会炸裂。

怎么回事

你刚刚使用了水的一种特性来强化（用一种物质来强化另一种物质）气球的外壳——水可以吸收火焰的热量，不让热量在气球的表面烧一个洞。现代飞艇并没有使用水，但是它们的织物材料经过处理，可以抵抗或吸收热量来防止爆炸。

塔科马
海峡桥

工程专业的学生有时会在学年开始时去看电影，以帮助他们理解工程和设计原理——这是摆脱厚重课本和冗长讲座的有趣方法。其中一段视频甚至经常开小差的学生也会难以置信地盯着屏幕。这个主要吸睛片段展示了一座看起来很像金门大桥的悬索桥。一顶帽子从镜头前飞过，所以很明显是在刮风。那些鼓鼓囊囊的车后面还带着备用轮胎，肯定是 20 世纪 30 年代的，对吧？

就在整部影片看起来像某人的无聊家庭电影的时候，一些奇怪的事情开始发生。桥面开始摇摆、扭曲，就像有人弹了一下一根巨大的跳绳。桥身上下摆动，看上去更像一条缎带，而不是沥青、混凝土和钢铁构成的巨物。桥上甚至还有一辆车——啊！桥面裂成了两半，像两条破布一样塌了下来。

这到底是怎么回事？摄影师喝醉了？还是特技摄影？这不是一座桥梁应该有的样子！

哪里出错了

<big>塔</big>科马海峡桥对于任何对土木工程、道路安全、桥梁或无生命体异常行为感兴趣的人来说都是一个有趣的案例。这座横跨华盛顿州皮吉特湾的悬索桥虽然只有 39 英尺宽，却是世界上第三长的桥。这种长而窄的组合是一个很大的伏笔，预示着它会遭遇这样一个戏剧性的结局。它还解释了一座坚固的桥梁为何会表现得像一根跳绳一样。

莫伊塞夫是负责建造塔科马海峡桥的工程师。他改变了原先的一些计划，使桥更窄更轻，并相信修改后的设计将节省资金，且不会影响桥梁的强度。莫伊塞夫设计的一个重要特点是缺少加劲桁架。他想建造一座优美的桥梁，而桥面道路下的 V 形支撑物看起来就像丑陋的脚手架或自行车上的辅助轮。这一变化意味着新桥的坚固程度将只有旧金山的金门大桥和纽约市的乔治·华盛顿大桥这样类似的桥梁的三分之一。这有什么大不了的吗？当然。太平洋西北部以雨和雾闻名，但也有大风。1940 年 7 月塔科马海峡桥通行后没几天，道路（或称桥面）开始上下摆动，甚至在微风中也会。

1940 年 11 月 7 日早上 7 点刚过，华盛顿州收费桥梁管理局主席阿金被风声吵醒后就来到了大桥。他发现这座桥每两秒钟上下振动 3 英尺多。

加劲桁架

连接悬索桥塔柱的 V 形梁，为桥梁提供强度和刚度。

舞动的格蒂

　　塔科马海峡桥在施工时就有晃动，工人们甚至抱怨有晕眩感。等到桥通行，它会晃动的名气就越来越大，寻求刺激的人纷纷到来。他们看到随着桥面的上下摆动，迎面而来的车消失又出现，就像在露天游乐场一样刺激。由于这种摆动，这座桥很快就被人们戏称为"舞动的格蒂"。

　　10点时，他停止了桥上的所有交通。不到半个小时，桥中央的支撑索开始断裂，导致桥面摇晃得更加剧烈。接着桥面裂开了，两座主塔被拉向中心，最终坍塌。幸运的是，没有人受伤——但后果是灾难性的，重建工作花了10年时间。

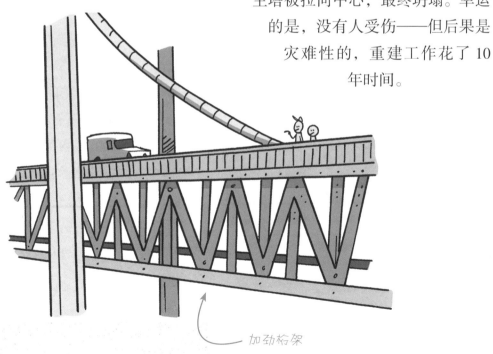

加劲桁架

逆转时光

塔科马海峡桥坍塌的关键是一个谜。风的侧向（从一边到另一边）力能使一个建筑物上下移动吗？现代科学家肯定是这样认为的，塔科马海峡桥坍塌之前就有建筑工人和工程师报告过这种上下移动是由其他地方的风引起的。他们观察了哪些桥梁受到了影响，哪些没有受到影响，并据此进行建造，尽管他们不能提供完整的科学解释。

在整个 19 世纪，工程师和公众注意到，当风吹过悬索桥时，桥确实会上下振动。罗布林 1870 年设计的布鲁克林大桥，将风力因素考虑在内，这座桥于 1883 年通车。而金门大桥和其他悬索桥的加劲桁架也会降低这种因素的影响。

塔科马海峡桥令人费解的坍塌的关键在于，桥面从垂直（上下）振动转为扭转运动，这会严重削弱桥面材料的强度。大桥的振动使风螺旋上升。这种螺旋风的旋转运动又引起了桥的扭曲运动（顺便说一下，工程师们就是从这里开始用复杂的方程填满黑板的）。越来越强的振动最终导致缆索断裂，将振动变成破坏性的扭转。那一刻，几乎不需要风，桥就再也站不住了。

塔科马海峡桥的设计确实增加了许多阻尼器来减少振动和缆索摆动，但事实证明这些阻尼器太弱了。最后，振动强到足以破坏缆索连接。这会使得桥面倾斜，一边的悬挂高度降低，使得上下运动变成了扭转运动。正是扭转造成了破坏，撕裂了桥面，折断了更多的缆索，导致桥梁倒塌。

阻尼器

一种连接在缆索上的柔性装置，通过吸收部分缆索摆动的力来减少（抑制）缆索的摆动。

阻尼器

实验 16

阻尼策略

现代工程师、建筑师和建筑商从塔科马海峡桥的坍塌中吸取了许多教训。除了要使设计通过各种风、雨、地震和突然的温度变化的实验室测试外，现在他们还记得要回归基础。

塔科马海峡桥的确有阻尼器——这是一种简单但必不可少的装置，可以吸收缆索和桥梁本身的部分振动——但这些装置无法胜任这项工作，在11月那个宿命的早晨失灵了。阻尼器是如何工作的？好吧，考虑到你的卧室里不太可能有闲置的吊桥，你就得自己造一个阻尼器。

你需要

◆ 两个 1 加仑的空塑料瓶（带把手的）
◆ 水
◆ 6 英尺长的跳绳
◆ 两个朋友
◆ 秋千
◆ 手表或计时器

方法

1 把两个瓶子都装满水，拧紧瓶盖。

2 把跳绳的一端穿过其中一个瓶子的把手，把手两边的绳子长度相等。

3 让一个朋友坐在秋千上，准备开始。

继续

4 将你朋友坐着的秋千拉到你肩膀的高度。

5 让你的另一个朋友做"计时者",请他做好准备。然后你放开手,让荡秋千者保持不要晃动——只有秋千来回摆动。

6 询问计时者直到秋千停下来共摆了多久,然后让你的朋友离开秋千。

7 现在把穿过瓶子把手的那根绳子拿来,将绳子两头并行穿过秋千座椅一侧的支架。请计时者托住瓶子。

8 让荡秋千者托起另一个瓶子,而你将绳子的一头穿过秋千另一侧的支架,然后再穿过另一个瓶子的把手。

9 把绳子的两端系在一起。现在你将两个瓶子串在了一个绳圈里,然后挂在秋千上,秋千的两边各一个。

10 重复步骤 3 至 6。

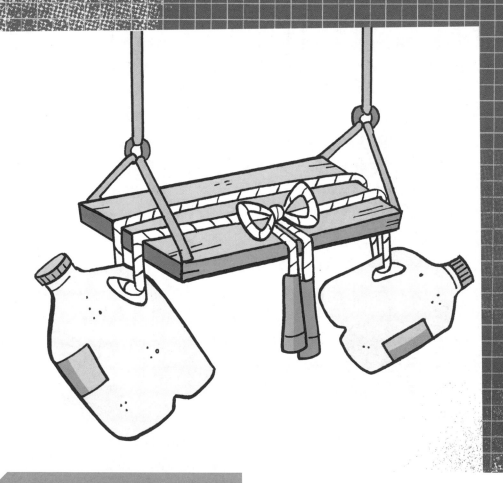

怎么回事

你已经使用瓶子装置来充当一个阻尼器，就像工程师把它们融入桥梁、摩天大楼和立交桥的设计中一样。阻尼器吸收了一部分来自秋千的力，削弱了秋千的运动。这就是为什么当你装上瓶子后，秋千停下来所花的时间会少一点。

谢尔曼坦克
陷入困境

成千上万的美国士兵第一次尝到了欧洲战场的滋味。他们被困在法国海岸数天，参加了二战中最残酷的战斗。现在是他们进一步深入法国的时候了。

德军一直对盟军的到来严阵以待，尽管指挥官们不确定盟军会在法国的哪个地方登陆。美国人和他们的盟友知道，如果他们要把德国人全部赶出法国，一场真正的战斗就在眼前。同盟国有两大优势，一是空中力量，只要天空晴朗，飞机就会不停地轰炸德军阵地。二是谢尔曼坦克，它曾在两年前盟军在北非沙漠的胜利中发挥了重要作用。

他们开着谢尔曼坦克从海滩向乡村推进，树篱仿佛是用稻草做的，被轻易碾轧。但是后来……许多谢尔曼坦克被困住了，就像暴风雪中没有雪地轮胎的汽车一样。而一辆辆被卡住的坦克只能坐以待毙。这是怎么回事？

哪里出错了

全世界在 1944 年 6 月 6 日见证了历史上最大规模的海滩登陆。黎明前，5000 多艘船载着 16 万名士兵离开了英国。沿着法国北部 50 英里长的海岸线，几个小时后他们抵达目的地。小船将士兵们运送到岸边，他们在那里面对德军的火力。美国、英国和加拿大的盟军最终推倒了德国的海岸防御工事，在欧洲大陆取得了立足点。我们把这一天称为诺曼底登陆日（D 日）。

上岸和幸存下来只是真正战斗的开始。德国人的防御一直延伸到内陆，而德国军队决心将盟军赶回海上。但是更多的盟军士兵带着重型装备开始抵达。最令人期待的就是强大的谢尔曼坦克到来。

盟军计划从海滩散开，向东穿越法国和比利时，然后进入德国，

但首先他们必须对付就在面前的法国境内的顽固德军。这是谢尔曼坦克冲过德军防线的好机会——但许多坦克还没走出一英里，就被陷在了松软泥泞的土里。

在法国北部等待谢尔曼坦克的是两种强大的德国坦克——虎式坦克和豹式坦克。这两种坦克都比谢尔曼坦克重，装甲厚度是它的两倍。它们配置了更强大的枪炮，能够射得更远，更有效地穿透敌人的装甲。一名美国坦克指挥官形容德国的炸药"就像一把热刀刺穿黄油一样"

优势

　　谢尔曼坦克确实有很多优势。它是中型坦克，这意味着它们可以轻松地通过船或火车运输。此外，它可以由美国汽车工厂快速制造，而这些工厂投身于战争，在它们的装配线上生产了5万多辆谢尔曼坦克。在坚硬的地面上，或者在战场附近的道路上，谢尔曼坦克是美军火力的一个有效补充。

穿透了谢尔曼的装甲。虽然这两种德国坦克在坚实的地面上的行驶速度都比谢尔曼坦克慢，但它们更宽的履带更适合北欧的软土。

逆转时光

今天的军事工程师在研究如何将火力、速度与对坦克乘员的装甲保护结合起来时，经常提起谢尔曼坦克。他们比谢尔曼坦克的设计师有优势，后者没有充足的时间进行测试，就需要迅速生产出大量坦克。从某种意义上说，谢尔曼坦克在第二次世界大战中的使用是未来坦克设计的一次试运行。

谢尔曼坦克的一些特征是基于欧洲战场情况的不准确估计。设计者给坦克设计了狭窄的履带、相对轻巧的枪炮和轻型装甲，以帮助它们快速行进，但由于许多谢尔曼坦克被困在法国的软土中，这些特点只会使坦克更容易受到攻击。谢尔曼坦克的制造者还被告知要生产一种动力强大但仍很轻的发动机。他们改进了一种飞机发动机（具有这两种特征），但它的燃料比大多数燃料箱的燃料更易燃。战场上屡屡

看到一枚德国炮弹不仅刺穿了谢尔曼坦克的装甲，还把它变成一个火球。很明显，新的坦克设计必须克服这些问题。谢尔曼坦克的继任者潘兴坦克成功地做到了这一点，但为时已晚，它未能在第二次世界大战中发挥作用。

即使是谢尔曼坦克参与战斗的时候，盟军也在寻找与德国坦克竞争的方法。在战场上为坦克增加一层新的装甲是不可能的，但是坦克

乘员试图增加一些保护。他们收集了所有能找到的东西——木材、沙袋，甚至是铁丝网，把它们固定在谢尔曼坦克的两侧和前面。很难说这些措施多有效，但至少乘员们觉得他们周围有更多的东西。

另一个变化则更为成功。坦克乘员在谢尔曼坦克狭窄的履带两侧安装了特殊的延伸履带，叫作"鸭嘴"。这给了谢尔曼坦克能够与德国坦克媲美的更好的"脚"，但是如果坦克开得太快，延伸履带就会掉下来。

实验 17

大象脚印

尽管谢尔曼坦克远比虎式、豹式坦克轻，但这些德国坦克的履带要宽得多。这意味着质量被分散到更大的面积上，使坦克不会下沉太多。如果你读过有关大象脚印的书，你就会知道坦克运用了同样的原理。大象那又大又宽的脚能够很好地分散体重，使得大象的脚印还没有高跟鞋印那么深。

科学家和工程师用"快速又肮脏"来描述那些即使未经过严格的科学过程也能快速完工的演示和实验。这里有一个很好的快速又肮脏的展示，帮助你了解谢尔曼坦克那可怜的履带。

你需要

- ◆ 胶水
- ◆ 一双旧鞋
- ◆ 两个鞋盒（最好是装靴子的宽盒子）
- ◆ 一块等待种植的疏松土壤
- ◆ 耙子
- ◆ 普通的鞋
- ◆ 一把尺

方法

1 把两只旧鞋用胶水粘在鞋盒内的底座上。

2 找到或准备一块大约三平方英尺的疏松土壤（它可能是等待种植的花园一隅）。

3 用耙子耙走所有的石头和小树枝，使表面平整。

继续

4 穿着普通的鞋子，踏入那片土地，双脚着地，站立不动。

5 再走出来，用尺子测量你脚印的深度。

6 再把土耙平整。

7 下一步可能有点尴尬，穿着粘着鞋盒的旧鞋子，重复步骤4和5。

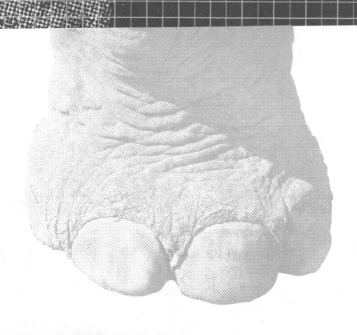

怎么回事

你刚刚演示了大象脚印浅背后的原理——以及为什么谢尔曼坦克会陷在泥里，而比它重的德国坦克却不会。你应该发现第二次测试的脚印浅一些。这都是压强导致的结果。

科学家将压强定义为压力除以面积（在这个例子中，看脚印的深度）。写成方程式，即 $P = F / A$。在实验中，两次的压力（你的体重）是相同的，但受力面积不同。普通鞋子所占的面积比鞋盒小，这意味着压强更大（压力除以一个较小的面积数）。相反，当压力除以一个较大的面积数（鞋盒的面积较大）时，压强较小。因此，当坦克的履带更宽，即使车身稍微重一点，也能减小在软土中下陷的深度。

"云杉鹅"的飞行

如果说有什么故事是极端的，那就是关于被称作"云杉鹅"的 H-4 大力神飞机的故事。我们从哪里说起呢？首先，它比之前制造的任何一架飞机都要大，同时也是世界上最宽翼展的纪录保持者。它花了数年的时间来设计和建造。它是世界上最古怪的亿万富翁之一休斯的一个创意。

尽管经历了延工、被抱怨使用纳税人的钱、巨大的项目规模，飞机最终还是完工了。好吧，那是二战结束两年后的事了，而这架飞机原本是用来运送士兵和坦克穿越大西洋的。但是在 1947 年 11 月 2 日，"云杉鹅"漂到了加利福尼亚的一个港口上，发动引擎，提升速度，离开了地面。它爬升到了 70 英尺，在长滩港绕飞了约 1 英里，就落回了水面。

这是"云杉鹅"的唯一一次飞行。它再也没有离开过它的温控飞机库，而休斯每年要为此花费 100 万美元（以今天的美元计算超过 1000 多万美元）。"云杉鹅"究竟是史上最昂贵的玩具，还是未被世界承认的天才之作呢？

哪里出错了

美国在 1941 年末加入第二次世界大战，他们需要运送几十名士兵和数千吨武器穿越大西洋。然而横渡大西洋并不是一件容易的事：海上的船只很容易成为德国潜艇（也就是人们所说的 U 形潜艇）的目标。美国国会想了一种替代法——建造一架巨大的飞机，可以在水上而不是在通常的陆地跑道上起飞和降落的飞船，将人员和物资运往欧洲，要求这种飞机能承载 35 吨的货物。

1942 年 10 月，国会委托休斯飞机公司来建造这种飞机。随着方案的逐步形成，很明显，雄心勃勃的休斯致力于制造一架"按比例放大"的 8 引擎飞机，其载货量是最初设想的两倍多。

飞船

　　飞船可以在水上起飞和降落，与在机翼上附加浮子的浮筒飞机不同，飞船的机身（飞机的主体）本身是有浮力的。"云杉鹅"的木质结构可以帮助实现这一特征。

　　这架飞机的载货量为 15 万磅，能装载 750 名全副武装的士兵或两辆 30 吨重的 M4 谢尔曼坦克。

　　休斯还面临一个巨大的障碍——材料。在战争期间，像钢铁和铝这样的金属十分短缺，所以飞机几乎全部是由桦木胶合板打造而成。但为何 H-4 大力神飞机又被称为"云杉鹅"？嗯，制造工人想象飞机像一只巨大的木鹅一样从水面上起飞，而"云杉鹅"听起来很不错。

按比例放大

在保持比例不变的情况下增大物体的尺寸。

　　到 1945 年战争结束时，"云杉鹅"仍未完成，休斯已经成为大家批判和嘲笑的目标。尽管如此，他仍旧目空一切，认为他在制造一架完美的飞机，正是出于这种自负的情绪，他在 1947 年 11 月 2 日邀请了记者登上飞机。休斯想证明飞机在他亲自操控下滑翔过水面的能力。飞机先是在长滩港作了两次水面滑行，然后休斯没有返航，而是发动引擎、转身，完成了"云杉鹅"唯一的一次飞行。那次飞行是成功还是失败？直至今天人们仍无法给出定论。

逆转时光

我们真的需要回到过去研究H-4大力神飞机吗？它真的失败了吗？毕竟，它最终是按照休斯的设计建造的，尽管在建造过程中设计发生了巨大变化。另外，它也的确进行了飞行——尽管只飞了1英里，飞行时间不过几分钟。

但这些事实掩盖了一些基本的东西：这架飞机的目标用途就是运输军队和重型武器，而在那次短暂试飞前两年，战争已经结束了。再也没有必要让数百上千名士兵飞越几千英里了。这里还有一个问题——纳税人看到他们的2200万美元买到了什么时，多多少少会感到被欺骗了。

从1947年的试飞以来，批评家们就声称这只"云杉鹅"不可能超过它所达到的70英尺。他们说，一种被称为"地面效应"的条件使飞机只能在接近地面的高度飞行。此时，飞机受到的升力更大（有

神秘的百万富翁

霍华德·休斯出生于1905年，父亲是一个富有的商人兼发明家。年轻时，休斯用自己的钱在好莱坞拍电影，但他真正的爱好是飞行。1932年，他创立休斯飞机公司，并开始设计和测试高速飞机。1938年，休斯以3天19小时4分钟的时间飞行环游世界，打破了世界纪录。然而，在"云杉鹅"失败以后，休斯从公众视线中消失了，很少再出现。他于1975年去世。

助于飞行），阻力更小（使飞机减速）。但是在 2014 年，英国格林多大学的飞行工程师伯登把"云杉鹅"的细节参数输入了一个特殊的航空计算机程序。结果显示，按照设计，飞机本来

可以在 21 000 英尺的高度飞行，但是飞行员必须非常小心地慢慢转向，否则飞机会螺旋下降并坠毁。

撇开飞机是否真的能飞行的疑问不谈，我们可以用一些基础科学和工程学知识来解释"云杉鹅"为什么花了这么长时间来建造。要知道它设计的初衷是负载量高达 75 吨。这个负载量需要很大的升力——使飞机起飞并保持飞行的力。为了提供更大的升力，你需要非常大的机翼。这就是为什么 H-4 大力神飞机仍然保持着有史以来最长翼展的纪录：320 英尺。你还需要动力，所以每个机翼有 4 台 3000 马力的发动机。

如果休斯能够使用一些贵金属，而不是木头，那么整个建造过程是否会更加快速，且成本更低呢？也许吧，但更有可能的是"云杉鹅"太大了，我们生产不出一群能够飞行的"云杉鹅"。

压力下降

在"云杉鹅"之后，人们建造过更重或者更长的飞机，但没有一架飞机的翼展超过"云杉鹅"。你一定还记得飞机需要那些巨大的机翼来产生足够的升力使它飞上高空并保持在那个高度飞行。

你可以用风扇和鼓风机做大量实验来证明提供升力的原理。或者，你可以以挑战朋友的形式进行一个非常简单的实验。这一切都取决于升力，虽然在这种情况下"升力"是向下的。是不是有点被弄糊涂了？不用担心，只要你接受了这个挑战，你就明白了。

你需要

◆ 几个朋友
◆ 几张纸
◆ 剪刀
◆ 桌子

方法

1 告诉你的朋友你要向他们发起挑战：把桌上的一张纸吹走。

2 将纸对折（折痕在长边的中间）。

3 沿折痕用剪刀将纸剪开。

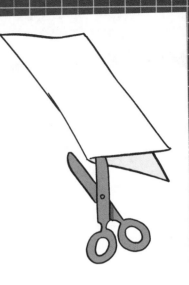

4 取其中的一半，沿长边在四分之一处折起。

5 另一端重复同样的操作，使得折起部分在中间接合。

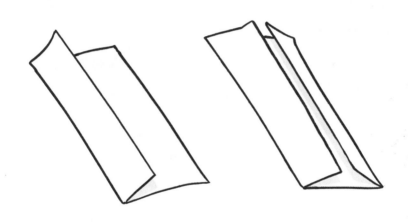

6 将纸展开，折起部分朝下，使得整张纸呈桥梁状站立，距离桌子边缘大约 1 英尺远。

7 请一个朋友贴着桌面吹气，看看能不能把纸吹飞。纸应该会贴在桌子上摊平，不会被吹走。

8 现在轮到你吹气，将你吹出的气瞄准纸桥的正上方（掩饰你吹的方向）——纸桥会马上飞走！

怎么回事

当 你的朋友吹气的时候，空气分子在纸桥底下快速运动。当空气分子的运动速度加快时，它们产生的压力就会变小。这意味着纸桥上方没有被吹的空气仍然产生正常压力，将纸桥向下压。当你对着纸桥正上方吹时，相反的情况发生了，纸很容易就飞走了。

同样的原理也适用于飞机机翼的设计，尽管机翼沿着顶部向上弯曲。当气流经过机翼时，这条曲线会使气流加速，因此压力差会迫使机翼上升，这就是升力一词的来源。机翼越大，产生的升力越大——就像"云杉鹅"一样。

阻力比赛

与飞行相关的三种最重要的力是升力、推力和阻力。前两种力对抗第三种力来实现飞行。阻力是最大的障碍：当你骑自行车的时候，阻力就像是迎面吹来的风——它试图把你的速度降下来。飞机需要用机翼提供的升力来克服这种阻力，但飞机必须前进才能产生升力，这就需要发动机产生的推力，它提供了飞机前进的动力，随之产生的升力克服阻碍飞机前进的阻力。

刺穿空气的形状——比如火箭或箭矢——可以减少物体受到的阻力。但是 H-4 大力神飞机为了容纳大量荷载，需要一个巨大的机身。设计必须通过制造巨大的机翼（为了获得更大的升力）和巨大的发动机（为了获得更大的推力）来克服这个问题。其他飞机的设计则与之相反——采用不太大的机翼和发动机来减小阻力。在这个实验中你将尝试各种不同的形状，看看你是否有一天能成为一名航空设计师。

你需要

◆ 高的透明水壶

◆ 水

◆ 塑型黏土（或橡皮泥）

◆ 几个朋友

◆ 秒表

继续

方法

1 在水壶中装满水。

2 将黏土分成6块或更多，每块都有一颗弹珠那么大。

3 把这些黏土块捏成不同的形状，大胆地捏，形状尽可能地不同（例如，长条、圆形、圆盘状、泪滴状）。

4 让一位朋友拿秒表计时。

5 拿起一块黏土块贴近水面保持不动，让你的朋友在你松手将黏土块扔进水里的一瞬间开始计时。

6 当黏土块沉到底部时停止计时。

7 对每一块黏土块重复步骤 4 到 6。

8 比较每块黏土块下沉所需要的时间——时间越短，受到的阻力越小。

怎么回事

既然是关于飞行，为什么要在水里做这个实验呢？因为大多数航空（飞行）定律对气体（如空气）和液体（如水）同样适用。黏土球的形状决定了它们在液体中下沉或在空中飞行时受到的阻力。航空工程师会在设计阶段做各种各样类似的测试。球形或前端尖的形状受到的阻力最小，因为它们可以把空气推开，就像你用手将窗帘拉开一样。

胶合板
摩天大楼

波士顿以其殖民风格的建筑、开阔的公园和迷人的海滨而闻名。它并不像纽约和芝加哥那样以摩天大楼闻名。事实上，一些老派的波士顿人认为，那些高层建筑不能排挤掉他们深爱的老建筑。

然而有一座特殊的摩天大楼赢得了波士顿人的青睐：约翰·汉考克（John Hancock）大厦。它有 60 层，790 英尺高，1976 年竣工时成为了波士顿最高的建筑。它的外形纤细优雅，镜面的窗户被染成淡蓝色，在晴朗的日子里，整座建筑似乎与天空融为一体。

但是有一个小问题。那些 4 英尺 ×11 英尺的镜面窗户开始从大楼上坠落，每扇都变成了 500 磅重的碎玻璃散落在地面上。总共有 65 块玻璃脱落，摩天大楼被替换的胶合板点缀着。更糟糕的是，顶层的人们开始患上晕动病——在一栋建筑物中？

哪里出错了

窗户问题始于 1973 年，当时这幢楼仍在建造中。1 月 20 日，一场冬季大风来袭，风速达到每小时 75 英里。10344 扇窗户中有 65 扇松动掉到了地上。

之后的几年里，麻省理工学院和哈佛大学一些最优秀的工程师一直在努力找出这一问题的根源。他们在大楼中安装了精密的仪器，麻省理工学院的工程师制作了一个完整的楼和周围环境的比例模型。他们在风洞中测试了这个模型，试图准确弄清楚风是如何影响窗户的。

回到大楼，事情变得比较简单。胶合板填补了缺口，当地人开始称它为"胶合板宫殿"和"世界上最高的胶合板摩天大楼"。每当风速达到每小时 45 英里时，人们就会用绳子将大楼圈起来，以防掉下的窗户砸到行人。看门人坐在每个角落与街道齐平的椅子上，随时准备在看到玻璃落下时吹口哨。

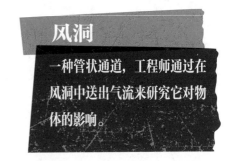

风洞

一种管状通道，工程师通过在风洞中送出气流来研究它对物体的影响。

工程师最终解开了玻璃窗落地的谜团，解决方案就是替换掉所有的窗户。但是，即使新窗户安装妥当，大楼仍然受到大风的危害。一位目击者描述说，大楼的运动就像"眼镜蛇的舞蹈"，前后移动，同时稍微扭转。那时，顶层的人们就要服用晕车药。最后，工程师找到了一种方法，通过安装"阻尼"来阻止建筑物晃动。

几十年来约翰·汉考克大厦一直矗立在那里，再没有窗户掉落，也没有醉醺醺地摇晃。大多数年轻的波士顿人认为它只是一个优雅的地标，但年长的当地人仍然会在风变大的时候避开它！

极简主义外观

　　世界著名建筑师贝聿铭和他的合作伙伴，以极简主义风格设计了约翰·汉考克大厦，这种风格是在20世纪60、70年代发展起来的，它要求有透明的侧面和"最少"的额外装饰，所以约翰·汉考克大厦侧面的数千扇窗户之间没有直棂（装饰性的窗户分隔物）。整座建筑看起来就像四堵又高又直的玻璃墙。

逆转时光

在风洞和实验室里做了那么多复杂的研究之后，工程师们意识到窗户脱落是由于一个相当简单的原因。每扇窗户都由两块玻璃组成，中间有一条隔离条。不幸的是，这种隔离条与玻璃密封性太好了。它紧紧地贴在玻璃上没有给玻璃一些伸缩的空间来适应温度的变化，所以当玻璃受热或受冷有所涨缩时，隔离条却没有，它会扯下一些玻璃碎片。当扯下的玻璃碎片足够多时，密封性被打破了……窗户玻璃就会脱落。解决方案是大刀阔斧的：10 344 扇窗户全都换成了单层热处理玻璃。

芝加哥被称为风城，但实际上波士顿才是美国风力最大的城市。这就出现了另一个大问题。强风

隔离条

一种物体，通常呈条带状，附在两层材料间，使它们均匀地隔开。

使约翰·汉考克大厦摇晃，让顶层的人们得了晕动病。当地工程师勒梅热勒提出了一个名为调谐质量阻尼器的解决方案。就像桥梁的阻尼器一样，它可以降低摇摆幅度。58 层安装了两个 300 吨的重物。每个重物都放在一块润滑板上，以便滑动。重物也通过弹簧连接到建筑物的钢框架上。当建

筑物摇晃时，地板在重物下面移动，但重物因为惯性想保持不动，这时强大的弹簧发挥作用，把建筑物拉回来。自安装阻尼器以来，大楼就稳了，其窗户也不再掉落。

惯性

在外力作用下，物体维持原有静止或运动状态的倾向。

调谐质量阻尼

热胀冷缩

波士顿的"胶合板宫殿"的问题出在密封效果太好了，没有考虑温度变化对玻璃和两片玻璃之间空气的影响。当空气被加热时，空气分子的运动更活跃——这就是实验中浸在水中的瓶子里的空气发生的情况。波士顿的夏天非常炎热，而这个城市每年冬天都会经历一段非常寒冷的日子——就像你看到的冰箱里的瓶子发生的情况。你觉得约翰·汉考克大厦的工程师们不知道这一基本原理吗？还是他们过分注重极简主义设计而忘记了呢？

你需要

◆ 水槽或洗脸盆（深度和瓶子的高度一致）
◆ 水
◆ 气球
◆ 两个空的 1 升塑料瓶（和一个瓶盖）
◆ 冰箱

方法

1 往水槽或洗脸盆里倒一些热水，但注意水温不要太烫。

2 拿一个气球反复拉伸，将它拉长一点。

3 把气球套在一个打开的塑料瓶瓶口。

4 把塑料瓶浸到水里，热水的高度刚好接近瓶口。

5 观察气球，你会发现气球慢慢鼓了起来。

6 拧紧另一个塑料瓶的瓶盖，将它放入冰箱的冷冻室。

7 3小时后取出塑料瓶观察——你会发现塑料瓶好像被压扁了。

怎么回事

就像我们在这本书中讨论过的很多其他问题一样，一些非常基本的事——且看起来微不足道的事——可能会引发一些大问题。你已经看到了在温度上升或下降时，空气是如何膨胀和收缩的。当瓶子在热水中加热时，里面的空气密度变小，所以需要更多的空间。那个空间，当然就是气球里的空间。当空气冷却时，情况正好相反：它会收缩（占用更少的空间），故瓶子的侧面被压了进去，形成较小的空间。所以空气会对容纳它的物体产生一个变化的力，不管是约翰·汉考克大厦的玻璃还是塑料瓶和气球。温度上升和下降还会影响其他物质，比如金属窗框，它会在一个叫作热应力的作用下连接削弱。

走近惯性

牛顿在 300 多年前就提出了这个著名的运动定律。他肯定对惯性的概念印象深刻,因为他首先定义了惯性:在没有外力的作用下,一个物体要么保持静止,要么继续以恒定的速度运动。

这就解释了为什么一个人在太空中击打一个垒球,它就会一直一直前进……因为在太空中没有像摩擦力或重力那样的外力来让它减速。但这也解释了为什么静止的物体不会有运动的倾向。想想那些魔术师,他们可以将摆着瓷盘和水晶玻璃杯的桌子下的桌布迅速抽掉——你准备好自己试一试了吗?

趁这个机会让自己重新认识惯性所带来的乐趣。当然也要记住:这一基本原理就是约翰·汉考克大厦"眼镜蛇舞"问题的核心。这又是一个回归基本原理解决现代问题的例子。

你需要

◆ 两个干净的玻璃杯(不要太薄,如果你紧张的话就用塑料杯)

◆ 水

◆ 几张平整的白纸

◆ 两个塑料瓶盖

◆ 几个鸡蛋(如果你紧张的话可以把蛋煮熟)

方法

1 在两个杯子中装一半的
水。

2 将两个水杯放在桌上的
一张白纸上，将它们放
在白纸上离你较远的一边，靠
近你一侧的白纸留空更多。

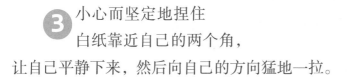

3 小心而坚定地捏住
白纸靠近自己的两个角，
让自己平静下来，然后向自己的方向猛地一拉。

4 玻璃杯应该留在原
来的位置，而白
纸被抽走了。

继续

5 现在把纸放在玻璃杯上（如果纸湿了，换一张干的纸）。同样，让它离你近一些。

6 将两个瓶盖放在纸上，分别对准两个杯子的中央，盖子开口朝上。

7 在每个盖子上竖一个鸡蛋（大头朝下），这样两个杯子都被纸盖住，纸上是瓶盖，瓶盖上是鸡蛋。

8 重复步骤3——瓶盖会随着白纸的抽出而飞掉，但鸡蛋应该会掉进玻璃杯中。

怎么回事

这些是快速演示惯性的绝妙例子。当你把纸从玻璃杯下面抽出时，玻璃杯就会表现出惯性——就像约翰·汉考克大厦的地板在重物下面滑动一样。当然，物体的质量越大，惯性就越大。这就解释了为什么瓶盖（质量很小）的惯性很小会飞掉而质量更大的鸡蛋却会留在原来位置。这也解释了为什么约翰·汉考克大厦两个巨大的重达300吨的重物可以利用惯性阻碍大厦的摇摆。

子午线轮胎脱胶

20世纪70年代初，子午线轮胎进入汽车行业。其内层的设计和排列不同于传统的斜交轮胎。许多驾驶员都被子午线轮胎的高安全性，低油耗，高减震性能和更长的使用寿命所吸引。汽车制造商开始选择子午线轮胎作为新车型的轮胎，从而产生了对子午线轮胎数百万的需求。

米其林和古德里奇这两家大型轮胎制造商开始在子午线轮胎的生产上领跑，同时其竞争对手凡士通轮胎公司也在迎头赶上。凡士通公司改造了原有机器迅速生产出"凡士通500"子午线轮胎，但它们的质量只能说参差不齐。有关高速爆胎、翻车和致命车祸的报道开始增多。

凡士通固执地拒绝承认任何责任，但公众的愤怒、罚款和诉讼迫使它召回了1450万个第一代子午线轮胎。成本高达1.5亿美元。如果当时凡士通公司采取不同的做法，可能挽回多少生命，节省多少钱呢？

哪里出错了

子午线轮胎在 1970 年前后的出现标志着汽车设计和工程的新篇章。在此之前，工程师们一直忙于改良发动机技术、改善燃料供应、降低空气阻力、装备电子设备以及一系列不断更新的汽车内外性能。子午线轮胎的出现证明对轮胎投入相同的关注能生产出性能更好的产品。

凡士通公司对这一新趋势反应迟钝，在 1971 年末才开始为新一代轮胎装备生产线。不久之后，凡士通就遇到麻烦了，将外层（胎面）与内层的镀黄铜的钢丝粘合在一起的混炼胶会开裂脱胶。水会渗入这些缝隙中，导致金属生锈，金属层沿着胎侧脱裂——在高速行驶时这种情况也时有发生。

关于事故的报道——许多是致命事故——追溯到了"凡士通 500"子午线轮胎。很快，许多人向凡士通公司寻求伤害和死亡的法律赔偿，美国联邦政府也开始调查。但即使在美国国家公路交通安全管理局也着手调查的情况下，凡士通公司仍旧顽固地继续生产和销售其子午线轮胎。1977 年 11 月，美国汽车安全中心勒令凡士通召回其生产的"凡士通 500"子午线轮胎。

胎侧

胎面边缘和车轮轮缘之间的轮胎部分。

面对来自各方的压力，凡士通公司仍然声称，所有的问题都是由于拙劣的驾驶技术而不是糟糕的产品造成的。直到 1978 年 7 月，美国众议院的一个特别委员会就轮胎问题举行公开听证会，凡士通公司才做出让步。凡士通被判罚了 50 万美元，并被勒令召回所产生的 1450 万个"凡士通 500"子午线轮胎。

轮胎破裂

当一个轮胎突然失去它的胎面时——就像发生在许多"凡士通500"子午线轮胎上的情况一样——车辆变得不稳定且难以控制，特别是在高速行驶时。其结果就是警察和道路安全专家所说的"单一车辆事故"，因为通常不涉及其他车辆。失去对任何一个车轮的控制都可能导致翻车。到了20世纪70年代中期，所有装备了"凡士通500"子午线轮胎的车子中，只有最粗心的车主才会忽视胎侧部位的不断膨胀和听得见的呼呼声这些警告信号。

逆转时光

"凡士通500"子午线轮胎的召回是一个特殊案例。事实上，哈佛商学院和其他商学院的学生学习"凡士通500"子午线轮胎召回的案例是为了学习如何管理公司不让它陷入危机（至少它是有用的）。

凡士通公司做的第一个错误决定是急于求成地把生产斜交轮胎的机器改造用来生产子午线轮胎。凡士通于1971年初开始生产子午线轮胎，但是质量很差，也很难培训工人控制这些改装的机器。

胶黏剂

把固体材料粘合在一起的物质。

到了1972年，凡士通公司也意识到用于粘合不同胎层的胶黏剂有缺陷。事故频频发生，但凡士通却继续生产似乎未经测试的轮胎。面对外界对其子午线轮胎的批评和将美国民众作为"实验小白鼠"测试产品的指责，凡士通要么不予理睬要么淡化处理。与此同时，凡士通公司还试图快速而不声不响地解决任何法律案件。

这种情况以同样的方式持续了好几年。直到1978年，美国众议院的州际和外国商务委员会勒令凡士通召回"凡士通500"子午线轮胎，它终于到了危机紧要关头。

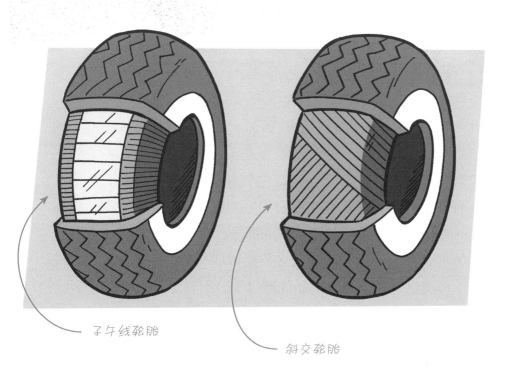

子午线轮胎

斜交轮胎

子午线轮胎的构造

现代轮胎有一个叫作帘布层的网面来增加轮胎的强度。在一些轮胎中，特别是旧轮胎，两层帘布层（一层包裹着另一层）斜穿在轮胎上，形成一个字母X，这就是斜交轮胎的构造。子午线轮胎的帘布层直接穿过轮胎，就好像从车轮中心发射出来的一样。帘布层的这种构造提供了灵活性。子午线轮胎中还有钢丝环带加固轮胎胎面。凡士通问题的部分原因在于劣质胶黏剂将橡胶粘在了帘布层的镀黄铜钢丝上。

腐蚀损害

　　"凡士通500"子午线轮胎的胶黏剂（将层与层连接在一起）的失效使得层与层之间出现缝隙。水能够进入这些缝隙，与那些为轮胎提供强度和支撑的钢带发生反应。水、空气和金属（如钢）结合在一起，会发生一种叫氧化的化学反应，我们称之为腐蚀或生锈。金属生锈后会变弱——就像你在这个实验中看到的那样。

　　实验需要钢丝球。但是你在大多数超市能买到的钢丝球（用于洗锅碗瓢盆）可能已经用防锈化学品处理过了，不利于实验演示。相反，你要从五金店购买最好等级的钢丝球——它会很快生锈。

你需要

◆ 两个钢丝球

◆ 有盖的广口玻璃瓶（一个用于回收各种东西，非实验所用）

◆ 白醋

◆ 橡胶手套

◆ 纸巾

◆ 平整的白纸

方法

1 在广口瓶里放一个钢丝球，用醋浸没，然后把盖子拧紧，放置一夜。

2 第二天，戴上手套打开罐子，把液体倒入下水道，小心地取出钢丝球。

3 将钢丝球放在一张纸巾上，晾干约 20 分钟。

4 在桌上放一张白纸。

5 把第二个钢丝球（没有用醋浸过的）放在白纸上。

继续

6 轻弹钢丝球几次，观察垫在下面的纸——应该不会有太多碎屑落在纸上。

7 重新戴上手套，重复步骤6，轻弹浸过醋又晾干的钢丝球——你会看到落下很多碎屑。

你 刚刚做了两个实验。第一个是让钢丝腐蚀（或生锈）。该反应在水中也能进行，但醋是一种催化剂。一种使化学反应——比如腐蚀——变得更快的化学物质。腐蚀过程意味着金属中的一部分会溶解或剥落，使金属变得更加脆弱（想想生锈的铁钉从木头上脱落吧）。"凡士通500"子午线轮胎的金属带也生锈了，变得越来越脆弱，最终报废。

转啊转

汽车车轮不停地转动给轮胎的各胎层造成很大的压力。在整个过程中，有两种力在相互作用——一种力是把胎层向内压（向心力）；另一种力是将胎层向外拉（离心力）。胶黏剂将轮胎的各层粘在一起来平衡这两个力，持续作用在胶黏剂上的力可能会使它失效，给车辆、司机和乘客造成灾难性的后果。

这是对旋转物体上作用力的演示，让你能很好地了解那些事故中轮胎出了什么问题。

你需要

◆ 一些朋友作为观众或参与实验
◆ 带木柄的跳绳

注意！

你需要很大的空间来做这个实验，所以最好找一个公园或者大院子。

1 确保你的朋友与你保持安全距离。

2 面对他们，一只手握住跳绳手柄，另一只手抓在绳子离手柄大约 18 英寸远处。另一个手柄应该不接触地面——如果不是，就把绳子举高一点。

3 快速上下摆动握着绳子的手，使跳绳较长的一端与地面垂直做圆周运动。

继续

4 询问你的朋友，如果在木柄转到圆的顶端时松手放开绳子，会发生什么（大多数人会说它将直线上升）。

5 继续转动绳子，当木柄到达顶部时松开手，手柄会向侧向飞出，而不是竖直向上飞出。

怎么回事

大多数人在考虑旋转物体的作用力时都会猜错木柄的飞离方向。他们认为，所谓的离心力是从圆心向外，把旋转的物体朝同样的"直线"方向推出去。但你的实验却证明了并不是这样的。

旋转的物体有保持沿直线运动的趋势，但不是从中心沿半径方向的那条直线。那是因为有一种不同的力，叫做向心力，不断地拉着它。当向心力减弱或失去时，物体就会沿着它刚刚运动的（切线）方向飞出。

例如，一颗卫星没有飞向外太空而是绕地球运动，是因为重力提供的向心力能够吸引卫星。当你旋转绳子时，你紧紧握住绳子的手提供了类似的力，轮胎的胶黏剂也扮演了相同的角色（当它粘住时）。但是当你松手时，向心力就消失了。当轮胎的胶黏剂失效时，"凡士通500"子午线轮胎的向心力消失：外层（胎面）以爆裂的形式直接（沿切线方向）飞了出去。那就是车辆真正陷入麻烦的时候。

哎呀，湖泊消失啦

路易斯安那州的皮内尔湖看上去就像人们梦想中愉悦的乡村生活。山核桃树和岸边的橡树在微风中沙沙作响。维亚托和他的侄子正在捕鲇鱼，这时他们发现他们的船开始动了。

两位渔民开始有些惊讶，而当他们意识到自己正在被吸入一个逐渐增大的漩涡时，变得惊恐万分。一切都发生得很快，不一会儿他们就绕着漩涡一圈一圈地打转了。两艘驳船消失后维亚托才终于把他的船系在一棵从水中生长出的树上。

几秒钟内，湖水就从树的底部流走了，露出湖床。渔民们争抢着爬到了"真正"岸边的安全地带，回头看了看。船只、圆木、树，甚至是一座岛屿都被吸走了。发生的这一切都很奇怪，但这只是"世界上最奇怪的工程灾难"的一部分。

哪里出错了

皮内尔湖位于路易斯安那州南部，那里有丰富的地下财富，比如石油和盐。1980年11月20日，德士古石油公司开始在浅水湖底钻测试孔以寻找地下深处可能存在的石油储量。14英寸宽的钻头越钻越深，最后卡在1228英尺深处。工作人员无法将钻头移走，甚至挪都挪不动。

当工作人员对这个问题感到困惑时，钻头开始倾斜并沉入湖中。几秒钟后，整个价值五百万美元的钻机都跟着它下沉了。工作人员奇迹般地爬到了安全的地方。他们和岸上的旁观者一起看着眼前的景色发生了变化。湖内及周围的所有东西——船、码头、珍贵的亚热带树木都被吸进了巨大的漩涡里。几个小时内，湖水就被抽干了，但是几天后，湖泊又被盐水重新注满。是什么导致了这场可怕的变故？一个工程错误真的可能抽干35亿加仑的水吗？

说不定真的可以——德士古公司的工程师通过三角测量确定钻井位置时，使用了错误的数据，最终偏离目标400英尺。他们没有钻透坚硬的岩石，进入可能的油层，反而径直钻进了湖下的盐矿。湖水从钻孔直接冲进了下面洞穴的盐矿

三角测量

根据与固定线上其他两个点之间的角度来确定不动点位置的方法。

中。随着急流溶解了更多的盐，这个钻洞变得越来越宽，水流也越来越快，漩涡越来越大。就像湖面上石油钻机的工作人员一样，下面的50名矿工也果断地紧急逃生。

从淡水变成盐水

　　皮内尔湖占地约2平方英里，但只有约10英尺深——这也是为什么石油工人看到他们巨大的钻机消失会感到震惊。下面的盐矿是由许多盐柱撑起的一个巨大的洞穴。当这些盐柱溶解后，洞穴坍塌，空气从不断扩大的钻孔向上冲，并短暂地形成了一个400英尺的间歇泉（受下方压力向上喷出的水柱）。一条与之相连，水位最初与湖泊齐平的运河，随后流入了干涸的湖泊。水流太强劲，以至于把墨西哥湾的水也抽来了，把皮内尔湖变成了咸水湖。

逆转时光

德士古公司的老板们已经知道了盐矿的存在，所以他们知道如果直接钻进里面会发生什么。路易斯安那州的这个地区地下蕴藏着丰富的石油，湖附近还有许多油井。盐矿公司知道盐矿的准确位置，并警告了石油工人。但是在沟通的某个环节"避开这个地区！"变成了"使劲钻！"，最终酿成大祸。

很难说是谁犯了这个根本性的错误，因为所有的机器和记录都在事故中丢失了，但是出错的方式很明显：糟糕的三角测量——一项优秀的工程师和测量人员烂熟于心的技能。这是一个如果你知道两个点的确切位置，就可找到第三点的好方法。只要想到"三角形"这个词，你就能知道它的原理。拥有良好的数学头脑和精准的设备，工程师可以准确地找到第三点。1980年11月那次是个例外，那时的一些计算一定搞错了，才使得工人们在离正确位置400英尺远的地方开钻——盐矿的正上方！

谁能料到这个湖泊——连同它周围的一切会一下子消失不见呢？如果有人知道水流飞速旋转向下的漩涡的力量，他们可能会想象出那样的画面。

你可能见过把浴缸中的塞子拔掉时水流的情形：当水流越来越靠近塞子孔时，速度会加快，同时旋转得越来越快。这正是皮内尔湖的水流入盐矿时的情形。水流形成了一个龙卷风大小的旋转漏斗，威力也差不多——几乎把所有东西都吸了下去。

什么？没有证据

　　1980年11月20日那几个小时里发生的事情，在每个人的记忆中都是清晰的——干涸的湖泊、失踪的驳船（其中一些在湖泊再次填满时又重新出现）、间歇泉、改道的运河。但是，我们所知道的有关那次灾难性钻探之前的一切，都来自相关人员的证词。实际的机械和纸面计算记录——可以证明谁犯了这个致命的错误——随着钻井机一起消失了。

实验 24

剧烈漩涡

你可能以前看过这个实验，它演示了漩涡是如何形成的，1980年发生在皮内尔湖的事件和它是一回事。湖里的淡水冲进被钻通的孔里——在这个实验里就是水从两个接在一起的瓶盖的孔中冲过。抓紧，因为你即将创造一个漩涡。

你需要

◆ 两个相同的带盖的空汽水瓶(大一点的瓶子效果更好)
◆ 一位成年人
◆ 尖锐的刀
◆ 电工胶布
◆ 水
◆ 食用色素（可选）

方法

1 把汽水瓶上的所有标签都撕掉。

2 取下瓶盖，让一位成年人用刀子
在每个瓶盖上挖一个直径大约
0.5英寸的孔。

3 用胶布把两个瓶盖紧紧地绑
在一起，平的一面贴着平的
一面。胶布多绕几圈（大约4层）。

4 其中一个瓶子装三分之二的水（如果你想的话，可以在水里
滴几滴食用色素）。

继续

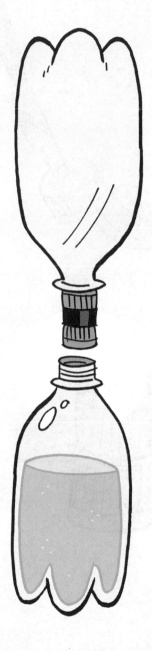

5 把瓶盖组合拧到装水的瓶口上，然后把另一个空瓶子（上下颠倒）拧到指向上方的瓶盖上。

6 把这个组合翻过来，水就会开始发出汩汩声，不规律地流出来，或者几乎不会流出来。（你可能需要握紧下方的空瓶子来保证它们的稳固。）

7 拿起瓶身组合，旋转摇晃它。

8 再小心地把瓶子组合放下，装水的那个瓶子在上面（它可能会自己立起来），你会看到一个巨大的漩涡。

怎么回事

当瓶子里的水是静止的时候，表面张力（在上面瓶口）和空气压力（在下面瓶口）的组合意味着很少有水往下流动。但是当你旋转瓶子时，水也开始旋转，在旋转的水中心形成一个洞。这个洞可以让空气进入上方的瓶子，也能让旋转的水进入下方瓶子。水从瓶子的较宽处下降到较窄的部分时，会旋转得更快——就像浴缸排水或者花样滑冰运动员把手臂收在身体两侧时旋转得更快一样。这种向下和圆周运动的组合被称为旋涡。皮内尔湖的漩涡甚至强大到把湖水抽干了！

辛克莱 C5 熄火了

英国人辛克莱爵士是个声名显赫的人。20 世纪 80 年代初，大多数英国人都很熟悉他。他们视他为发明家、商人、梦想家，甚至是天才。辛克莱一直走在技术的前沿，开发了最早的一些手持式计算器和家用电脑。

1985 年 1 月，他启动了他最雄心勃勃的项目之一——辛克莱 C5，这是一款适合在城市旅行的单座电动汽车。记者和电视台工作人员出席了这款车的揭幕仪式。但在冬季发布是个糟糕的决定：当看到新买的 C5 在冰雪上打滑，或者在繁忙的交通中被卡车挡住时，观察者们都笑了。C5 的销量逐步下降，人们抱怨它的转向系统不灵敏，动力不足，前灯不好，以及迎面而来车辆的灯光让人不舒服。

到 1985 年 10 月，生产 C5 的公司倒闭了。这位英国的天才终于想出了一个没用的东西。事情为什么会变得这么糟糕？这是否意味着电动车的未来是"一条行不通的路呢"？

哪里出错了

在20世纪80年代，人们开始注重回收利用、减少能源消耗和降低污染。许多人还对20世纪70年代的燃料短缺和油价飞涨记忆犹新。因此，一辆承诺几乎不用花油钱、无污染的电动汽车成功迎合了大家的需求。一个更大的优势似乎是C5的发明者，辛克莱爵士是一位白手起家的百万富翁，他凭借精巧的电子产品和发明积累了一大笔财富，所以他的声誉很高——但同时也承担着风险。

SINCLAIR

20 世纪 80 年代初，辛克莱设计了一款由电池驱动的三轮电动车，配有踏板来帮助爬坡。它贴地较近，宽和高都是 2.5 英尺，长 6 英尺 9 英寸。它有前灯和尾灯，还有一个小行李箱。电池需要充电 8 小时，在水平地面上的最高速度可达 15 英里 / 时。包括电池在内汽车总重 99 磅[①]。

转弯半径

车辆掉头时所需的圆的半径（更准确地说，是半圆）。

人们驾驶辛克莱 C5 本应可以自由地开车进城，买些东西或者吃块比萨，然后只需花几分钱就回到家。但问题开始逐渐显现。这辆车没有车顶（英国的各地都多雨），而车身过低意味着司机经常直接跟在其他汽车排气管的后面。另外，司机不得不订购特殊的杆子竖在车上，提醒卡车司机下面有一辆小车。

对很多人来说，爬坡是一件苦差事，尤其是当车只有一个齿轮的时候——想象一下以最高的速度骑着你的自行车爬上陡峭的山坡，同时你的体重接近 100 磅！转弯半径较大和没有倒挡使得 C5 很难操纵。顾客还抱怨他们的电池提供的续航里程很少达到 20 英里的驾驶距离，在寒冷的天气里经常行驶 10 英里或更短距离就熄火了。

辛克莱 C5 在它的第一个冬季还没结束的时候，就以失败告终。辛克莱爵士的声誉受到重创，生产的 1.4 万辆汽车中只有 5000 辆售出。1985 年 8 月，生产 C5 的辛克莱汽车公司停产，并永久关闭。

---

① 英制计量单位，1 磅相当于 0.45 千克。

逆转时光

辛克莱爵士或许在向世界提供便携式计算机和家用电脑方面展示了他的天才头脑，但他在C5电动车上的点金术失灵了。30年过去了，有些人说他只是走在了时代的前面，21世纪的司机更愿意去尝试电动或混合动力汽车。当今世界当然比以往任何时候都更需要低污染汽车，但如今的全尺寸混合动力汽车的舒适和优势却是C5不能比肩的。

当时作一些改进会改善C5司机的驾驶感。汽车绝对需要一些覆盖物或车顶来保护司机不受恶劣天气的影响。更好的覆盖物也可以让司机免受迎面排放的尾气的伤害。

混合动力汽车

既具有电动发动机又具有汽油发动机的汽车，两者都能驱动它。

辛克莱应该开发一组齿轮——就像普通自行车的齿轮一样——作为方便爬坡的一个标准性能。同样每一辆C5上应该安装一根高桅杆（在1985年仅是一个可选配置）。在这款车发布时，其他司机看不到这辆车的感觉使许多潜在客户望而却步。

辛克莱C5如果改进它的转向系统，缩小转弯半径，也会使它成为一个更好的产品。这一改变，加上反向电动齿轮的引入，将使操纵变得容易得多。

最重要的现代变化是使用改进的电池。在过去的几十年里，电池变得更小、更强大。现代电池的质量是以前电池的一半，但提供的续航里程和动力却是以前电池的两倍多——这对爬坡肯定有帮助。如今的环保电动和混合动力汽车已经成功地赢得了越来越大的市场份额。辛克莱的失败实际激发了这一领域的灵感，因为制造商从错误中吸取了教训。从长远来看，为改善C5而采取的措施有助于保护地球。

一线希望

1985年买下辛克莱C5，然后把它们搁置在车库里30年的人可能会有一个惊喜。收藏家们对这些"失败品"表现出了极大的兴趣，就像美国的商人在寻找"埃兹尔"（20世纪50年代末福特汽车的失败品）一样。使用状况良好的C5现在的售价是原价的3倍多。

收缩半径

你可能会想，一个转弯半径有什么大不了的。事实上它不仅能帮助司机挤进狭窄的停车位，有时还意味着你在狭窄的街道上可以掉头而不必一路倒车。别忘了，辛克莱 C5 非常笨重且没有倒挡。

这里有一个实验，使用你能找到的各种各样的自行车，自己测试一下转弯半径。

你需要

- ◆ 扑克牌大小的卡片
- ◆ 几个会骑自行车的朋友
- ◆ 尽可能多的自行车（不同尺寸的车轮）
- ◆ 装满水的水壶
- ◆ 卷尺

注意！

你需要一块空地来进行此次实验。可以在停车场找一个安全区域，或者在公园的空地（如果公园允许骑自行车的话）。

方法

1 你将要测量一个圆圈的半径，所以把卡片放在地上，来标记它的中心。

2 在每个人的自行车转弯前先浇水把轮胎打湿，这样他们的运动轨迹就显现出来了。

3 请每个朋友（每人骑一辆不同的自行车）慢慢地骑向卡片所在处，然后顺时针 U 形掉头。转弯半径最小的骑手就是胜利者。

4 任何人脚着地都判不合格。

5 如果两条轨迹相近，则用卷尺测量结果。

6 讨论一下胜利者是如何以及为什么赢得比赛的。轮子的大小
会影响转弯半径吗？

你 和你的朋友们已经愉快地比较了U形掉头的轨迹可以多窄，而你也亲身体验了转弯半径是什么。现在停一停，想象一下你的祖母被困在一条死胡同，试图把她的辛克莱C5开回主干道。现在，想要一个更小的转弯半径的想法是不是更容易理解了呢？你能想到设计师可以对C5的轮子做些什么来缩小转弯半径吗？

不断改善

这个组合活动或者说实验可以让你自己制造一辆桌面货车,你可以用能源——吹风机的风力——来驱动它。你会看到,面对不同大小和形状的帆,这种风力能源在不同的斜坡和平面上驱动货车的不同表现。你要寻找驾驭相同力量的理想帆面形状,将货车尽可能地推远。

还记得那些成为辛克莱 C5 一大障碍的斜坡吗?电池没有足够的动力推动它爬坡,而 C5 的"自助踏板"使用感很差。如果能用更强大或更高效的电池,C5 或许能爬上那些坡。

你需要

◆ 三张 4 英寸 ×6 英寸的索引卡片
◆ 透明胶带
◆ 三根塑料吸管
◆ 救生圈形状的糖果
◆ 剪刀
◆ 几张平整的白纸
◆ 橡皮泥
◆ 卷尺
◆ 吹风机

方法

1 把索引卡片叠在一起，沿着卡片的 4 条边贴上 0.5 英寸的胶带，将卡片粘在一起。（三层粘在一起可以增加你制作的迷你货车的强度）

2 把粘合的卡片放在地板上，在平行短边边缘约 0.5 英寸处放一根吸管，吸管两端伸出卡片的部分长度相等。

3 把吸管用胶带固定好。

4 把糖套到伸出卡片的吸管上，然后把胶带缠在吸管上，就卡在糖果的外面——这就是轮子，确保糖果是可以转动的，且吸管上缠有足够的胶带防止"轮子"从吸管上脱落。

5 用剪刀把吸管剪短，只要在糖果外留出一部分就够了。

6 在另一端重复步骤 2 到 5。现在你有了一辆可以滚动的货车。

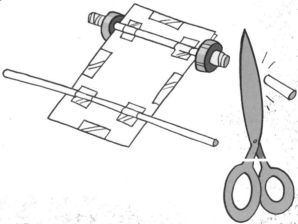

7 将普通白纸剪成不同的形状（可以是圆形、矩形、三角形和菱形），并在每种形状上切两个 $\frac{1}{2}$ 英寸长的狭缝，狭缝应该在每个形状的中间，距顶部和底部边缘 $\frac{1}{2}$ 英寸。

8 这些形状都会被用作货车的帆。每次需要一张帆时，你把第三根吸管（"桅杆"）从两个狭缝中穿过，调整纸张形成一个弧度。

9 在车顶上（没有"吸管车轴"的一面）放一团橡皮泥，它应该在距离卡片正中心前面大约一英寸处。

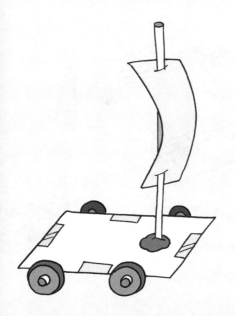

10 把桅杆固定在车上，然后把车放到硬地板上。

11 用卷尺标记距离，然后将吹风机放在货车后面30英寸的位置，打开吹风机的低风挡，对着货车吹，标记货车在哪里停下。

12 重复步骤 10 和 11，尝试所有形状的帆，记录每次货车所走的距离。

怎么回事

这个实验虽然看上去只是用热空气图一乐，但确定用到了科学方法。你或你的朋友对货车施加的力是恒定的（因为你每次都保持相同的距离）。这就是你的功率输出——就像汽车的功率输出是以发动机的形式，或者 C5 的功率输出是以电池的形式。

通过改变帆的形状或大小，你试图获得最大的动力（来自吹风机）来驱动货车，但过大的动力会使它翻倒。当你比较相同的功率输出如何产生不同的结果时，科学方法就登场了。更大的帆可以产生更大的力，达到一个"临界点"。C5 的工程师也尝试将功率输出最大化——他们的方法是生产出更大、更重的电池，但同时额外的质量抵消了这一优势。

"埃克森·瓦尔迪兹"号油轮漏油事故

时间回到 1989 年 3 月 23 日，987 英尺高的"埃克森·瓦尔迪兹"号从阿拉斯加州南部的瓦尔迪兹出发，驶往加利福尼亚州的长滩。这是埃克森公司 20 艘船舶中第二新的船。自 12 年前横贯阿拉斯加的输油管道开通以来，类似的船只已经安全运送石油 8700 次。没有人料到会有麻烦，尤其是在平静的海面上。

因此，当灾难在三个小时后的午夜降临时，人们震惊了。那艘船触礁搁浅，装满石油的船舱破裂了。最后大约有 1100 万加仑的石油泄漏到太平洋沿岸水域。这是一场环境灾难，脆弱的海岸线遭到污染，无数海洋动物丧生，其影响持续到了 21 世纪。它是怎么发生的？怎样能预防它发生？那段美丽的海岸线还能恢复吗？

哪里出错了

巨型油轮将阿拉斯加的原油从位于安克雷奇以东约 70 英里的瓦尔迪兹港运往世界各地的炼油厂。1989 年 3 月 23 日晚上，"埃克森·瓦尔迪兹"号即将启程，沿太平洋海岸向南约 2200 英里前往加利福尼亚州的长滩。

大约晚上 11 点 20，这艘船安全地驶过了棘手的瓦尔迪兹海峡。船长黑兹尔伍德在正常的航线上发现了一些冰山，于是把船驶向了新的航线。他把船的航行权交给了三副卡曾斯，命令他在船到达某一点时立即返回航道。

从未发生过类似的事情，原因仍然是一个谜。（一些报道称，黑兹尔伍德船长在船起航前一直在喝酒。）船继续驶出安全的航道，午夜刚过，船员们就听到了几声尖锐的声音，然后船停了下来。3 月 24 日凌晨 0 点 4 分，它撞上了布莱礁。它的 11 个货舱中有 8 个被刺穿了，1100 万加仑的石油开始直接流入大海。

石油泄漏的影响是巨大的。无数的鱼死后被冲上岸，身上沾满油污。海鸟也是受害者，2.5 万只海鸟、2800 只海獭、300 只海豹、247 只秃鹰和 22 头虎鲸死亡。大规模清污行动的警报几乎是立即发出的，很多救援队伍在海岸两边排列开，用不同的方法控制油污，拯救野生动物。

一队队拖着长长的围油栅和浮油回收装置的船只试图从水面上回收石油，但由于恶劣的天气条件和缺乏补给，行动受到了限制。高压软管将热水喷向海岸上那些被石油覆盖的岩石，虽然一些

围油栅

一根长长的 U 形金属棒，拖在两艘船后面，用来收集泄漏的石油。

专家认为，这种方法杀死了许多能够帮助清除石油的微生物。

石油泄漏的影响已经持续了近 30 年，一些地区的野生动物数量仍在不断减少。埃克森公司除了支付自己清理工作的费用以外，还必须支付超过 10 亿美元的罚款和赔偿金。

浮油回收装置

一种安装在围油栅上收集石油的装置，工作原理就像筛子一样。

逆转时光

如果我们试图避免更多类似"埃克森·瓦尔迪兹"号的灾难发生——专家们自1989年以来就一直在努力避免——我们需要研究如何改进船舶设计和清理工作。

一方面，在"埃克森·瓦尔迪兹"号灾难发生之前，有8700次安全的瓦尔迪兹航程，说明法规和标准做法非常有效。这一观点将责任完全归咎于人为错误，即船长和船员当晚的行为。船长喝过酒吗？船员们是否缺乏训练？埃克森公司是否让员工长时间工作而感到疲倦？

另一方面，一些观察者认为即使人为失误要负主要责任，船只本身也应该得到更好的保护，不会因裂缝造成漏油。一种解决方案是双层。一些货船将货物直接装载到船体（船的主体）中，货物与海洋之间只隔了一层外壳。双层船体内部增加了一层，层与层之间有间隙。从理论上讲，这种设计提供了双重保护。但是额外的船体也会影响船在水中航行的情况，可能会影响船的稳定性……冒着倾覆并失去更多石油的风险。得不偿失！

如何改进清理工作呢？通常使用的确切方法取决于环境——即天气条件、总体温度、附近的人和动物种群以及许多其他因素。1989年使用的一些方法在许多漏油事件中仍然很有用。如果条件适宜，有些地方泄漏的石油可以在水面上被烧掉，尽管在大风中这种方法会造成环境污染。化学分散剂

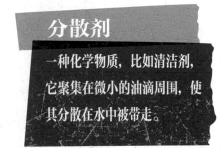

分散剂

一种化学物质，比如清洁剂，它聚集在微小的油滴周围，使其分散在水中被带走。

可以使石油被洋流带走，但分散剂—石油液滴混合物有时会下沉并危害海底生物。生物修复利用微小的微生物，如细菌，来分解甚至吃掉石油。这是一种既能清理灾难性污染，又不会造成更多空气或水污染的方法。

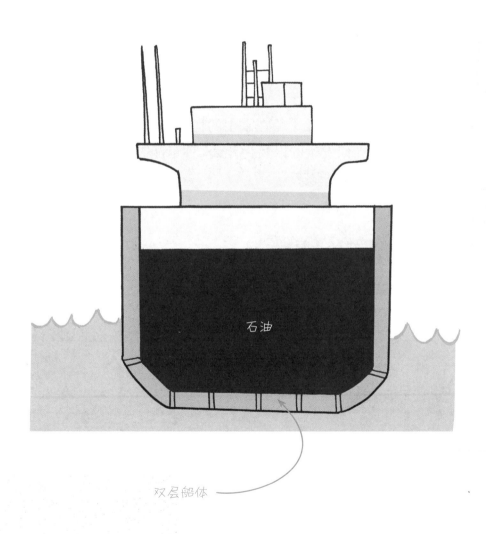

石油

双层船体

双层船体

"埃克森·瓦尔迪兹"号配备了双层船底——主船体内额外加一层船底。它的目的是为船体碰撞岩石时提供保护，例如船有可能触到暗礁。即使是现在，人们仍在争论双层船体——不仅船底是双层的，船体两侧也是双层的——是否有助于解决问题。

双层船体的问题在于，它解决了一个问题（礁石和冰山），却制造了另一个问题（降低了船在水中的稳定性）。下面这个简单的实验会告诉你这是如何发生的以及为什么。你可能需要不同的塑料杯组合，但其结果会令你大开眼界。

你需要

◆ 水槽或水桶

◆ 水

◆ 小塑料杯（可以放进大塑料杯，但不能太紧）

◆ 无柄大塑料杯（约能装 8 盎司[①]水）。

---

① 这里的盎司是美制容量计量单位，1 美制液体盎司 ≈ 29.57 毫升。

1 把水槽塞住，往里灌约三分之二高的水。

2 用小塑料杯装满水，然后把水倒入大塑料杯中。

3 小心地把大塑料杯放到装有水的水槽中，注意观察它是如何保持直立的。如果它是倾斜的，试着再将 1/2 杯小塑料杯的水倒入。

4 把大塑料杯从水槽里取出，倒掉其中的水。

5 将小塑料杯装满水，小心地放入大塑料杯中。

继续

6 现在把这个杯子的组合（你的双层船体油轮）放进水槽，然后松手，注意观察它的稳定性。

怎么回事

通常，相比单层船体，双层船体更容易触礁并倾覆。这是因为第二层船体提高了质心（假想物体质量集中于这一点），使船体变得不太稳定。船体的质心低一些，它会更稳定。但就像很多的工程学问题一样，这也需要权衡利弊。第二层船体提供更多的保护，防止船被刺穿，但它对船的适航性有负面影响。

戴高乐机场坍塌

一个国家的首都机场远不止是你通往天空的必经之路，它还在向全世界宣传这个国家。

巴黎郊外戴高乐机场的设计师们认为，人们了解法国几百年的历史，知道它伟大的艺术和建筑作品，最重要的是，它的美食（包括蜗牛和青蛙腿）。但是他们想向世界展示法国也是一个现代化的国家，所以他们把于 2003 年 6 月开放的未来主义的 2E 候机楼作为展品。

弯曲的玻璃和混凝土的设计将美观和高科技效率结合在了一起，数百万旅客认为它看起来像一个空间站。这是一个旨在超越伦敦和法兰克福成为欧洲最重要的机场的大胆之作。但在 2004 年 5 月，一块巨大的弧形混凝土板砸到了候机楼的地板上，造成 4 人死亡。是什么导致了这场灾难？如果一个机场的候机楼倒塌，机场还能做些什么呢？

哪里出错了

机场的候机楼除了为飞机提供停靠的地方，让乘客登机或下飞机外，还有很多其他功能。候机楼还提供行李运输、售票柜台、安检、海关、商店、餐厅、洗手间……功能数不胜数！它的主要特点是移动，允许人们自由走动是很重要的。

所有这些都是机场候机楼设计的基本构件。戴高乐机场的管理人员要求他们自 1967 年以来的首席建筑师，同时也是世界著名建筑师安德勒将这些元素结合在 2E 候机楼。他设计了一个长长的管状通道，连接 2E 候机楼和其他候机楼。候机楼有一个宽阔平坦的拱形顶，在集散厅上方优雅地弯曲。内部由弯曲的混凝土搭成拱顶，长方形的孔洞让光线涌进。候机

拱

覆盖屋顶的弧形结构。

楼的外面是一层巨大的弧形玻璃，沿着混凝土的形状覆盖它。金属支柱——抵抗向下压力的结构支撑——连接外面的玻璃层与内部的混凝土。

集散厅

旅客站房入口处枢纽性的疏导旅客，并设有安检、问询等服务设施的大厅。

这一效果是引人注目的，光洒在宽阔的地板上。这片空旷的区域不受支撑屋顶的柱子干扰，增加了光和空间的整体效果。这正是安德勒梦想的未来主义的外观。拱顶靠混凝土两侧相对较少的矮柱支撑。

　　2004 年 5 月 23 日，2E 候机楼投入运营还不到一年，一段巨大的 100 英尺长的混凝土和玻璃穹顶坍塌，造成 4 人死亡。如果机场更拥挤的话，死亡人数将会更多——庆幸它是在一个安静的星期日早上 7 点坍塌的。法国官员关闭了这个候机楼，展开了详细调查。之后的 4 年时间里，这个候机楼一直处于关闭状态。修复工程耗资 1 亿欧元，混凝土和玻璃拱顶换成了更传统的钢铁和玻璃结构。

逆转时光

在工程和设计中反复出现的两个术语是"外观"和"功能"。一个设计归根结底是需要在两者之间找到一个平衡。外观描述建筑看上去的样子——它看起来多么优雅，或者它是如何融入周围环境的。功能是一座建筑需要实现的全部工作。例如，有些人认为平板玻璃摩天大楼的外观单调或丑陋，但这些建筑在功能上得分很高，因为它们有效地利用了空间。

安德勒是一名经验丰富的机场建筑师，他对机场候机楼的功能了如指掌，但在 2E 候机楼的设计中，他为了营造明亮、通风的空间可能过于考虑外观。倒塌后的调查显示，一栋看起来像是悬挂在空中的建筑物是要付出很大代价的：它可能会倒塌！调查人员指出，如果建筑使用一些内部支撑，比如从地面到天花板的柱子，即便打破了集散厅不受干扰的空间，但会安全得多。

这种从地面到天花板的柱子，或是向外从屋顶延伸到地面的支撑，就是所谓的冗余支撑的安全特征。对于设计师来说，"冗余"是一个奇怪的词，因为它有时意味着"额外的，不必要的"。一个更好的词应该是"备份"或"故障安全"，以防某些东西失败或被破坏。这让你更好地理解这些额外的支撑物——也许永远用不上它——但是一旦有一根柱子倒塌时它可能成为救命稻草。

一串连锁反应导致了候机楼的倒塌。调查人员的结论是，随着室外温度的升高和下降，附着在玻璃外层的金属，以及连接内部混凝土层的金属支柱在不断膨胀和收缩，从而削弱了混凝土的强度，直到那个周日的早上，混凝土变化造成了致命的后果。

从他人的错误中吸取教训

　　杜勒斯走廊轨道交通工程是一个雄心勃勃的计划，它连接了弗吉尼亚州、马里兰州和华盛顿特区的许多地方。早期的计划是在泰森斯角站（地铁网络的一部分）建造类似的拱形空间。然而，在2E候机楼事件发生后，官方研究报告敦促人们不要重蹈覆辙。最终，地铁站的计划发生了改变。坚固和实用的混凝土柱子取代了高耸的拱顶，形成了简洁的新设计。

金属膨胀

法国调查人员指出，在机场坍塌前几天，天气非常反常。特别值得一提的是，当时的温度就像溜溜球一样，从最低 4℃ 到最高 21℃，升温和降温导致金属支柱膨胀和收缩，这反过来又削弱了金属与内部混凝土层的连接。

我们很难想象在坚硬、结实的金属材料上发生这种效应，但你可以做一个非常快速的实验来观察它。此外，你可以用结果说服你的家人，你有超人的力量能打开世界上任何一个罐子！

你需要

◆ 两个相同的带有金属螺盖的空玻璃瓶（果酱瓶是理想选择）
◆ 水槽
◆ 流动的冷水
◆ 流动的热水

方法

1 用力拧紧两个盖子，这样你就需要用最大的力来打开它们。

2 把其中一个瓶子放进水槽，用冷水冲 30 秒，然后尝试打开它（它应该仍然很难打开，甚至更难打开）。

3 把另一个瓶子放入水槽，用热水冲 30 秒——小心别溅到热水。

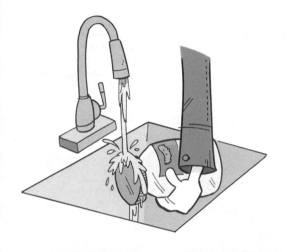

4 现在尝试打开第二个瓶子，应该很容易就可以打开它。

怎么回事

金属的盖子和玻璃的瓶子——就像世界上其他所有的东西一样，包括 2E 候机楼的金属支柱——都是由原子组成的。这些原子受热时振动得更厉害，这种振动在原子之间创造了更大的空隙，所以金属会稍微膨胀。金属盖子也是这样，变得大了一些。当它们冷却时，情况正好相反。有些材料，如玻璃或 2E 候机楼的混凝土，不会膨胀那么多。这意味着玻璃在金属盖子移开的时候会"保持原状"，是盖子松了。

智利矿工
被困

在 2010 年的 69 天里，全世界都在屏息关注着智利一座偏远矿场的事故。报纸记者、卫星电视广播单位人员、带着笔记本电脑和智能手机的博主，这些和阿塔卡马沙漠格格不入的人都来到了这片贫瘠的土地。在这片严酷的土地上，有什么值得报道的呢？

真实的故事在地下展开。33 名矿工被困在那里，其中有 32 名智利人和 1 名玻利维亚人。他们和外界之间有半英里的坚硬岩石。在那层岩石下面是圣何塞铜金矿坍塌的矿井，这也是所知的矿工们最后的下落。

矿工们在塌方中幸存了下来，并设法通知了他们上面的矿场官员。但救援队怎么才能找到这些人，更不用说把他们带回安全的地方了？这些记者聚集在一起是为了报道一场悲剧，还是像世界其他地方的人一样期待奇迹出现？

哪里出错了

在2010年8月5日凌晨，智利科皮亚波附近的圣何塞矿，开始了新一轮矿工轮班。一些出来的夜班工人告诉轮班的人，这座山夜里一直在"哭泣"（回荡着远处的倒塌声），但事情似乎又一次恢复了平静。人们继续往自卸货车上装矿，这些货车会螺旋上升，离开矿井，到达地面。下午2点，一声震耳欲聋的爆炸后，矿井里的烟尘和灰尘滚滚而来。部分矿井坍塌了，泥石堵住了出口。

33名矿工被困在大约2300英尺深的地下。不知怎么地，他们穿过了令人窒息的灰尘，来到了一个被称为庇护所的保护空间，这是一个特殊的房间，有一扇沉重的金属门和独立的通风井。他们还活着，有应急食物和饮料，但没有办法向外界求救。

与此同时，救援人员开始钻洞，并向井下放置监听设备，以检查是否有幸存者。8月22日，坍塌事故发生的17天后，其中一个探测器返回地面，上面写着（西班牙语）："我们33人都还活着，在庇护所里。"

喜悦在地面上的工人间传播，很快矿工们的困境变成了一个国际新闻。更多的食物和纸条可以通过紧急通风井上下传送，但这些人似乎不太可能逃出来。紧急通风口只有几英寸宽。

然而，矿工确实在塌方69天后脱离了危险，创下了获救前在地下待的最长时间纪录。这项救援工作需要国际合作、精确的计算和运气。

矿工

圣何塞矿

　　自1889年以来，圣何塞矿一直在产出铜和金。多年来，矿工们使用了不同的技术，从镐和铲到炸药和传送带。卡车和其他车辆将矿工送到山里，在一条4英里长的坑线螺旋上下。通道从坑线的左右通往矿坑。其中最深处是地下2500多英尺。

逆转时光

深井开矿是一项危险的工作。矿工和机器将进入山里，开采贵金属和矿石，直到它变得太危险而无法继续开采或者矿石质量下降。

然后就继续前进，深入矿井，在身后留下一个或多个废弃的洞穴。风险在不断上升。矿工们在开采每一条新矿层时都面临着危险，但是废弃的洞穴又困扰着他们。如果没有持续的支撑，它们就会坍塌，令人窒息的粉尘进入矿井，堵塞通风井和出口。

岩石层——与坚硬或较软岩石混合的矿石——本身就不太稳定。钻孔和矿车的震动加剧了这种不稳定性；此外，整个智利都处于高危地震带。一连串的小微震，或称震颤，随时都可能导致崩塌。

矿石

含贵金属的岩石。

圣何塞矿难也表明了坚持严格的安全条例的重要性。智利国有矿业公司和国际公司拥有的矿山都有涵盖范围很广的管理条例，但圣何塞矿是一家私人拥有的小型矿山，其安全性也较差。在 2010 年矿难前的 12 年里，已有 8 名工人死亡，2004 年至 2010 年间，该矿因违反安全法规被罚

矿层

地下蕴藏的有价值的矿物层，如煤、铜或金。

款42次。在2010年矿井坍塌时，矿工们本可以从一个通风井里逃出来，这个通风井有足足两天是可以通往地面的，直到又一次坍塌堵住了它——只是通风井的梯子被移走了！

应急物资

在事故发生后的17天里，矿工们与救援队取得联系前，他们不得不依靠庇护所里的紧急食物和饮料活下去。但是这些物资只能维持两三天！矿工们小心地分配这些口粮，使他们能活下去。其中一名矿工回忆说："每48小时吃两小勺金枪鱼、一口牛奶和一块饼干。"

实验 29

锁定目标

智利矿难救援工程的一项重大成就是使用了灵敏的钻井设备，加上地面技术熟练的救援队，他们能够解读来自地下深处的信息。通过这个鞋盒演示，你可以清楚地了解他们的困难，体会他们联系上地下矿工愉悦的心情。

这个实验很容易，很合适拿来与你的朋友进行比赛。看看谁最有耐心，谁的手指最灵敏。

你需要

◆ 剪刀

◆ 带有盖子的大鞋盒

◆ 小块磁铁

◆ 金属烹饪钎子或其他细长金属杆（比鞋盒略长一点）

◆ 金属六角螺母或垫圈（3/8 英寸或 1/2 英寸），确保磁铁能吸住它

◆ 胶水

◆ 橡皮泥

◆ 6 块小石头或碎石

◆ 几名朋友

◆ 手表或闹钟

方法

1 用剪刀在鞋盒的侧面剪一个3/4英寸的洞，距离盒子底部大约1/4的位置。

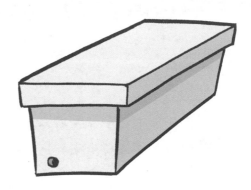

2 用橡皮泥把磁铁粘在钎子的尖端。

3 将六角螺母（代表被困矿工）放置在靠近鞋盒侧面（没有孔的一面）附近。

4 把钎子从洞里穿过，沿着盒子底部滑动，直到碰到六角螺母（它应该会被吸在磁铁上）。

5 保持钎子和螺母的位置不动，将石头随机粘到鞋盒底部，但要确保有足够的间隙把钎子拉回来。

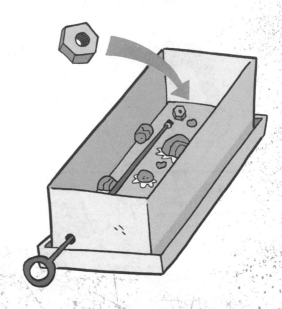

实 验 **29**

继续

6 慢慢地把钎子（带着六角螺母）拉回来，你现在确定钎子可以带着螺母拉出来。然后把六角螺母放回鞋盒里面。

7 盖上鞋盒的盖子。

8 让一个朋友把探测仪伸进鞋盒矿山，把矿工安全地带出来。1分钟的时间限制，代表现实生活中的紧迫情况。

9 每个朋友都有一次机会。如果你在游戏进行过程中必须揭开盖子，确保不让其他人看到石头的排列。胜利者是最快救出矿工的人。

怎么回事

现实生活中的勘探钻有灵敏的监听设备，可以探测到矿井深处的生命迹象。这些设备可以接收到空气中的或通过岩石的震动，并将其记录为对仪器的轻微接触。在这个实验中，一个细心的"救援者"还应该能够使用他们的触觉，因为被磁铁吸引的六角螺母的撞击与钎子碰到石头时的碰撞是不同的。这些岩石代表了救援人员所面临的困难，他们需要钻透不同厚度的岩石。

穹顶
漏气啦

底特律的球迷们在 2010 年提前收到了一份圣诞礼物：周一晚上在福特球场举行的一场出人意料的美国橄榄球大联盟比赛。但是底特律人并没有为他们的主队雄狮队欢呼，而是观看了对手明尼苏达维京人队迎战纽约巨人队的比赛。

不，不是圣诞老人在捉弄他们——而是维京人队需要一个地方进行比赛，因为他们的主场休伯特·H·汉弗莱大都会穹顶球场像气球一样漏气了。两天前，一场暴风雪给明尼阿波利斯带来了 17 英寸的降雪，穹顶因此遭殃。雨和雪应该从屋顶上滑落下来，但这次不行。尽管地面管理员努力用热水冲屋顶，但雪还是堆积起来，屋顶坍塌了。球场内的摄像机拍下了屋顶向下塌到球场场地上的视频，这些场地已经为维京人队的比赛作好了赛前标记。

穹顶坍塌后，一位爱吃甜食的目击者笑着说，大都会球场的穹顶看起来"像一碗糖"。但是对球场的所有者和维京人队的球迷来说，这可不是什么笑话。

哪里出错了

体育场馆有一个穹顶很常见。大多数的穹顶都有坚固的支撑，被称为桁架，以增加其强度。你可以看到这些桁架在体育场可伸缩的开放顶部搭成拱形（屋顶可以打开或关闭）或伸展在一个圆形屋顶的外面。但是，1982年开放的大都会球场的穹顶却没有任何支撑。这是怎么回事？这个穹顶是仅靠空气支撑的。薄而轻（厚度小于0.05英寸）的屋顶覆盖物就像铺在蹦床上的织物。当织物下面的空气压力强大且稳定时，它就会像气球一样膨胀。

但当你把气球的一端系紧时，气球就会保持充气状态，穹顶需要持续不断的空气将其向上推。体育场内部巨大的电扇提供了空气供应，而设计师们也知道，除非他们采取一些预防措施，否则空气会从入口（像一个放气的气球）涌出。他们安装了巨型旋转门，你可能在大型玩具或百货商店里看到过，以帮助控制空气流动。

这就是科学原理——和麻烦——的舞台。只要内部的气体压力等于或大于外部施加在它上面的力，（这个薄而脆弱的屋顶）就不会塌。穹顶的倾斜形状也应该有助于降低外界压力。毕竟，水会直接从屋顶上流下来，大部分的雪都会被吹走。

但在2010年12月的那个周末，意外发生了。厚厚的雪堆积在屋顶，形成了额外的压力。由于受到额外的压力，织物被撕破了。空气从撕破的缝隙中冲出来，大大降低了内部的气压。穹顶自己塌了下来。

不是第一次了

　　大都会球场并不是第一个因失去压力被"放气"的充气体育场。北艾奥瓦大学的橄榄球场与大都会球场差不多是同一时间建成，在用刚性结构取代它之前，它已经倒塌了好几次。自2010以来，许多充气穹顶被拆除或升级，例如在圣路易斯、印第安纳波利斯、珀斯（澳大利亚）、温哥华（加拿大）和其他地方的那些穹顶。

逆转时光

首先我们不妨考虑一下为什么充气体育场会流行起来。当然，建造者需要大量的织物来构建屋顶，例如大都会球场的穹顶占地10英亩[1]。但是一旦你把它连接到球场的外周，就只剩下空气，没有其余的结构了。这种织物几乎是透明的，可以让更多的自然光进入室内，降低室内的电气照明成本。总的来说，它的建造要快得多，也容易得多。

这是在20世纪70年代初，很有吸引力的想法，当时第一座充气体育场正在建造中。但在大都会球场穹顶坍塌之前（以及其他类似的建筑物），其缺点就已经开始显现。最明显的是，只是为了保持穹顶形状就需要风扇24小时工作。到了2010年，大都会球场的运营者每月仅仅为这些风扇就要支付6万美元！当人们意识到这种柔韧的、易于充气的屋顶材料的保温能力不及传统的、刚性的保温建筑时，这种材料似乎也不那么有吸引力了。给一个充气体育场供暖要花一大笔钱。

保温
防止热量从温暖的地方扩散到寒冷的地方。

2013年，明尼苏达州体育设施管理局决定拆除大都会球场。2019年12月29日，维京人队在那里进行了最后一场比赛。他们以14比13击败了底特律雄狮队。

---

① 1英亩相当于0.004平方千米。

池塘

　　充气体育场的地面工作人员试图用热风或热水来使雪融化，这样雪就能安全地从屋顶流下来。有时这种径流会回流，并在织物各部分的交接处形成"池塘"。这些"池塘"给屋顶造成较大的压力，甚至会撕裂织物导致塌陷。

实验 30

压力重重

　　充气体育场的整体概念是基于空气的压力及其与向下压力的关系。如果从体育场内部（或本实验中的气球）对外的压力大于或等于外部对内的压力，结构就不会破裂。你可以从你的迷你版大都会球场的倒塌开始，看看这个原理的实际应用。记住，这一切都是从屋顶上的一个就像图钉尖大小的小裂口开始的。

你需要

- ◆ 胶水
- ◆ 31 枚图钉
- ◆ 一张施工图纸
- ◆ 气球
- ◆ 安全手套
- ◆ 护目镜
- ◆ 一位朋友
- ◆ 小开本的精装书

注意！

如果你小心地进行这个实验，就不会受伤。但实验器材里有尖锐的钉子和可能爆炸的气球，所以一定要戴上护目镜。

方法

1 将30枚图钉大头向下，按照六排五列粘在施工图纸上。

2 戴上安全手套和护目镜，然后吹起两个气球。

3 拿起剩下的一枚图钉，问问你的朋友，如果你把气球按到图钉的尖头上，会发生什么。

4 小心地按下气球并观察气球的爆炸。

5 问问你的朋友，如果你把气球放在30枚图钉上，会发生什么。他们可能认为会发生一次更大的爆炸。

6 把第二个气球小心地放在图钉上，然后把书放在上面，慢慢地小心地按下去。它应该不会使气球爆炸。

7 你可以继续向下按压，看看你用了多大的力。

怎么回事

科学家把压强定义为作用在一个面上的压力除以面积的物理量。你施加在两个气球上的压力大致相等，但第一个气球，压力作用在一个非常小的区域（图钉尖）——这意味着压强非常大。把相同的压力除以更大的面积（30个图钉尖）会降低压强。覆盖在大都会球场穹顶上的雪通常会以同样的方式分散压力，使体育场穹顶保持膨胀。但湿重的雪聚成的水塘就像是用一个图钉尖扎破气球的放大版。

为什么是穹顶

　　大都会球场设计一个穹顶的原因之一就是要均衡地分散压力。穹顶的形状很好地做到了这一点，它可以通过传递力来承受很大的压力。罗马人是第一个将这一原理付诸实践的民族：他们最早的穹顶建筑之一——万神殿，建于近 1900 年前，至今仍屹立不倒。它弯曲的圆形屋顶除了自身的形状没有任何支撑——它甚至在最顶上还有一个洞！

　　穹顶形状也出现在自然界中，你将有机会亲自测试其中一个的强度。一定要在厨房做这个实验。你的午餐可能会有煎蛋卷！

你需要

- 剪刀
- 厨房纸巾
- 三个蛋托
- 三枚鸡蛋
- 桌子
- 2 加仑塑料容器（圆柱形，平底）
- 1 品脱的量杯[①]
- 水

---

① 相当于 500 毫升的量杯。

继续

方法

1 用剪刀裁剪三张纸巾，每张约是边长为 1.5 英寸的正方形，然后把它们塞进三个蛋托里（作为额外的内衬）。

2 把三个鸡蛋放在三个蛋托里，小头朝上。

3 把蛋托在桌上摆成一个等边三角形，每边约 3 英寸长。

4 小心地把空容器放在鸡蛋上，使鸡蛋托住容器底部的中间位置。

5 往量杯中倒 500 毫升的水，然后将水倒入容器。尽管 500 毫升的水质量为 0.5 千克，鸡蛋应该也不会破。

6 继续重复步骤 5。直到你倒了 5 升的水——鸡蛋打破了——或许还没有打破。

怎么回事

你 的鸡蛋能承受 8 升的水。这是因为穹顶具有拱的基本强度——尤其是它承受巨大重力的能力——并在三维空间中加以利用。拱形或穹顶使得它能够将重力逐渐转移到曲面上，这样它可以获得水平支撑，而不是像垂直的墙壁那样所有的重力集中在一个地方。它也使建造室内空间宽敞的、有高高天花板的建筑变得更容易。大都会穹顶球场虽然有这些高度上的优势，但充气结构使它承受外力的能力降低了。

声名狼藉的 "摩天煎楼"

在伦敦金融区狭窄的街道上，当穿着条纹西装的股票经纪人和银行家们在雨中躲避水坑时，街道常常看起来就像雨伞的森林。但最近，这些街道的延伸部分被一种不可思议的来源所灼伤——一束炙热的太阳光。

炙热的光束来自芬乔奇街20号，一座37层高的镜面摩天大楼。在一定的条件下，其弯曲的外表侧面会聚焦并向下反射太阳光。它熔化了下面车辆的仪表板，剥落了其油漆，破坏了附近商家的墙砖，据说还引发了火灾。

这座反光摩天大楼被戏称为"对讲机大楼"和"摩天煎楼"。但对于大楼的所有者来说，这并不是什么好玩的事。他们已经为受害者的财产损失付出了代价，但谢天谢地至今还没有人因此受重伤。

哪里出错了

和大多数欧洲的城市一样，伦敦的摩天大楼也姗姗来迟。几个世纪以来，它的天际线被教堂尖顶、宫殿塔楼和桥梁所主宰。在第二次世界大战期间伦敦遭受大轰炸之后，20世纪60年代的建筑热潮见证了现代玻璃和金属建筑的遍地开花。然而与纽约、芝加哥或香港的高楼相比，伦敦的这些新建筑也显得微不足道。20世纪80年代，情况发生了变化，英国政府将伦敦提升为国际金融中心，放宽了一些仍在实行的建筑法规。

其中被放宽的一项规定原本限制了新建筑物的高度，特别是那些可能给古代教堂和其他建筑物投下阴影的大楼。于是，伦敦终于迎来了"摩天大楼时代"。这时，摩天大楼的设计已经脱离了简单的"玻璃矩形"方法。现代建筑师更有顽心也更具创造性，会改变形状，增加建筑的曲线和不规则的特征。伦敦的一些最新建筑就是本着这种精

希腊燃烧的镜子

"摩天煎楼"的消息一传开，许多人批评它的建筑师维诺里不重视历史。巨型弧面镜反射太阳光和聚焦成破坏性光线的想法可以追溯到几千年前。有一种故事是，公元前212年伟大的科学家阿基米德用"燃烧的镜子"来保护西西里岛的锡拉库萨免受罗马人的攻击。据推测，这些镜子反射了正午的太阳，并对罗马船只造成了毁灭性的火灾。

神建造的，它们已经被戏称为"小黄瓜"（看起来像一根巨大的小黄瓜），"碎片"（像一块玻璃碎片），"奶酪刨"和"火腿罐头"（看起来……好吧，你可以猜到它像什么）。

这座位于芬乔奇街 20 号的玻璃镜面建筑，成形时曾被称为"品脱玻璃杯"——直到 2013 年夏天，一层的店主和餐厅老板开始注意到强烈的光线从大楼被反射下来。光束烧毁了迎宾毯，造成地砖开裂，以及汽车仪表板和油漆熔化。

"品脱玻璃杯"已经成为了……（响起恐怖的音乐）……"摩天煎楼"！它的设计师必须在它成为真正的"死亡射线"之前，想办法解决这个问题。

逆转时光

太阳光通过凹面镜反射（就像摩天煎楼的镜面一样）的行为与通过放大镜的行为很相似。这一效应的技术术语就是太阳能汇聚。当然，"太阳能"的意思是"与太阳有关"。而"汇聚"描述的是聚集在一起（例如每个跨年夜，成千上万的人聚集在纽约时代广场）。

阳光照射在凹面镜上不会像照射在浴室平面镜上时那样直接反射回来，而是有一角度沿着稍稍向内的方向反射回来。照射在曲面上不同位置的光线在反射时会汇聚在焦点处，这就是温度升高的地方。这种汇聚给了反射光更多的能量，摩天煎楼外面的温度已经超过70℃！

芬乔奇街20号的建筑师维诺里设计出这种凹面形状，因为这是一种优雅地增加上层空间的方式，在下层建筑物外增加突出的空间。

凹面

向内弯曲的形状，如碗状。

他承认，建筑的形状和镜面外观（设计旨在保持建筑物内部的凉爽）产生了太阳能汇聚，但他的计算机预测出的反射温度比实际温度要低得多。

他说的也许是真话，但问题仍然需要一个解决方案。建筑物的主人决定在大楼引起麻烦的那部分安装一个临时屏障。维诺里坚称，2014年安装在上层南侧的永久遮阳篷已经解决了这个问题。

太阳能汇聚

拉斯维加斯的"热点"

维诺里似乎在为自己建立一个"炙手可热"的名声。他还在内华达州拉斯维加斯设计了价值80亿美元的维达拉酒店建筑群。维达拉酒店有一面凹面墙,在2010年9月它也显示出了太阳能汇聚的迹象。拉斯维加斯的阳光比伦敦的要强得多,当客人抱怨在酒店游泳池边头发被烧焦和塑料袋会熔化时,酒店老板迅速作出了反应,他们在玻璃凹面墙上覆盖了一层不反光的薄膜。

反射还是吸收

太阳每天东升西落的运动轨迹都不同，夏天较高，冬天较低，所以反射角度也会改变。只有在夏初的几个星期里，它才给摩天煎楼带来麻烦，在此期间，大楼的所有者需要采取措施。位于拉斯维加斯的维达拉酒店的窗户现在都覆盖了一层不反光的薄膜（就像永久戴着一副巨型太阳镜），而摩天煎楼则用临时屏障和遮阳篷来为受侵扰的区域遮阴。

这是一个帮助你了解太阳能汇聚后会发生什么的好机会，然后你可以尝试不同的补救措施。正如你所想象的那样，它在天气温暖且阳光明媚的日子里效果最好（但任何时间都可以尝试）。

你需要

- 报纸
- 4块小石头（可选）
- 放大镜
- 水
- 窗纱或纱布（最好是不同尺寸的）
- 墨镜

注意！

一定要在一位大人的监督下做这个实验！

1 撕下一张报纸（约 6 平方英寸），放在地上，如果有风，用小石头压住。

2 在纸的上方举起放大镜，让太阳、放大镜、报纸成一线。

3 保持这个角度，把放大镜移近或移远报纸，直到它所形成的光圈最亮、最小。

4 保持放大镜在这个位置，直到纸张开始灼烧、冒烟，然后起火。

5 用水浇灭火苗后将报纸扔进垃圾桶。

继续

6 拿一块网纱放在放大镜和纸之间，重复步骤 1 至 5，尝试测试不同的网纱（如果你有的话），最后用墨镜再试试。

7 记录你的实验结果。

怎么回事

放大镜的曲面就像摩天焦楼的镜面玻璃一样，会聚焦太阳光。不同的是，阳光通过放大镜并继续前进，而不是被反射回来。在这个实验中，网纱和墨镜的作用是分散太阳光，这样就不会聚焦产生很强的光斑使东西燃烧。不过别忘了，设计镜面墙的部分原因是为了反射阳光，保持建筑物内部的凉爽。建筑物的拥有者必须确保在阻止建筑物反射阳光的同时，建筑物本身不会吸收更多的热量，使建筑物的内部升温太高。

雨伞烤箱

摩天煎楼弯曲的凹面形状有时被称为抛物线。有些雨伞也呈抛物线状，只要动一动脑筋，你就可以利用太阳能汇聚原理把一把伞变成一个烤箱。

一定要用一把旧伞，因为你会改造它。一把 16 骨的雨伞效果最好（它最像抛物线），但如果你没有也可以试试其他款式的雨伞。让我们一起做饭吧！

你需要

◆ 聚碳酸酯镜片的墨镜

◆ 一把仍可打开的旧雨伞（打开时直径为 4 英尺）

◆ 胶水

◆ 铝箔

◆ 一位成年人

◆ 金属锯子

◆ 安全手套

◆ 火柴

◆ 带盖的深色小锅（可选）

◆ 三脚架（可选）

在你做这个实验之前，你和任何帮助你的人都需要：

- 任何时候都有一个成年人陪伴（也需要他完成一些步骤）。
- 戴上安全手套。
- 戴上聚碳酸酯镜片的墨镜。

1 确保每个人都戴了墨镜。

2 打开伞，将它内侧朝上放置。

3 把铝箔（有光泽的一面朝上）粘在伞的内侧，把它弄平，就像墙纸一样。

4 让一名成年人在距离伞柄与伞心交接约 5 到 6 英寸处锯掉伞柄。

5 把雨伞放在干燥、阳光充足的地面上，比如人行道，这样被铝箔覆盖的一面就能直接面向太阳。

6 如果伞有一个尖尖的伞帽（从顶部开始），伞就可以倚在伞帽上，呈一个角度。如果伞没有伞帽，就把它靠在一块木头或一块石头上，形成一个角度，对准太阳。

继续

7 为了测试它的加热能力，请一个大人戴上手套，并在"烤箱"前面拿着一根未点燃的火柴。

8 大人应该把火柴移到反射光最亮的地方，他或她一直拿着火柴直到其点燃（几秒钟后）。

9 可选：要想真正地烹饪，把伞再撑高一点，然后拿一个锅放在反射光最亮的地方（就像你用火柴做的那样）。接着在伞正下方挖三个洞，安装三脚架，这样锅就可以放在三脚架上加热了。

雨 伞撑开后的抛物线形状类似于摩天煎楼和拉斯维加斯酒店的凹面曲线。在这种情况下，抛物线的"臂"——伞的弯曲骨架——弯曲使所有的光都反射到一个区域。另一方面，一段弧线有恒定的曲率（因为它是圆的一部分），它会反射从不同角度入射的光线。抛物线具有把光汇聚在一个区域的惊人能力，几乎没有能量损失。因此，有了你的抛物面伞，反射的阳光会汇聚在一个热点，你的食物会煮得更好。"烤箱"的输出（加热功率）取决于其他几个因素，如其大小、太阳的强度和角度。你能想到其他可能的影响因素吗？

后记

在你打开这本书之前，你可能会对在阶梯下行走，将秋千荡得太高，或者骑着轮胎磨损的自行车出发三思而后行。现在你已经读了这本书，你有了更多需要思考的问题：

你听到的远处的声音是糖浆海啸的轰鸣声吗？

如果你和你的朋友去游泳，这个湖会被抽干吗？

如果你走得太靠近那座摩天大楼，你会被晒伤吗？

想想看，那些摩天大楼的窗户是不是摇摇晃晃的？

当然，其中一些风险非常罕见，不太可能影响到你。但是，即使有训练有素的设计师、工程师和建筑者参与其中，它们也会发生。当然，您需要好的工具来建造建筑物，但是一些最基本的工具是在人们的头脑中——比如对基本工程原理和常识的掌握。

你需要运用你自己的常识，阅读这本书将帮助你掌握一些可能导致——或避免——灾难的工程学基础知识。而这些实验给了你在现实世界中应用这些原理的第一手经验。

现在您已经拥有了这些工具，是时候将它们用于你自己的工程项目了。下一站——制图板！

图书在版编目（CIP）数据

揭秘工程灾难：33个惊心动魄的实验/（美）肖恩·康诺利著；
王祖浩等译.—上海：上海科技教育出版社，2020.6
（惊险至极的科学）
书名原文：The Book of Massively Epic Engineering Disasters
ISBN 978-7-5428-7250-0

Ⅰ.①揭… Ⅱ.①肖… ②王… Ⅲ.①工程事故—模拟实验—
普及读物 Ⅳ.①X928-33

中国版本图书馆CIP数据核字（2020）第055708号

责任编辑　李　凌
装帧设计　符　劼

惊险至极的科学
揭秘工程灾难——33个惊心动魄的实验
［美］肖恩·康诺利（Sean Connolly）　著
王祖浩　兰　彧　李温柔　陈嘉文　黄倩雯　译

———————————————————————————

上海科技教育出版社有限公司出版发行
（上海市柳州路218号　邮政编码200235）
www.sste.com　www.ewen.co
各地新华书店经销　启东市人民印刷有限公司印刷
ISBN 978-7-5428-7250-0/G·4248
图字 09-2017-873

———————————————————————————

开本 720×1000　1/16　印张 15.5
2020年6月第1版　2020年6月第1次印刷
定价：55.00元